中国水产学会　**组织编写**

海水观赏鱼

刘雅丹 白明 编著

海洋出版社

2014年·北京

内 容 简 介

本书介绍了海水观赏鱼的鉴别方法和饲养技术，对几十种海水观赏鱼的人工饲养方法作了详细的介绍，对海水观赏鱼饲养者挑选和购买鱼类有很大的参考价值。本书阐述了在水族箱中饲养海水观赏鱼的常见疾病与预防办法，并对海水水族箱的组成和建设给出了可行的意见。本书一定能为正在或将要饲养海水观赏鱼的朋友提供有效的帮助，这是一本值得养鱼爱好者收藏的工具书。

图书在版编目（CIP）数据

海水观赏鱼 / 刘雅丹，白明编著. — 北京 : 海洋出版社，2014.7

（观赏鱼文化·鉴赏·饲养珍藏丛书）

ISBN 978-7-5027-8928-2

Ⅰ. ①海… Ⅱ. ①刘… ②白… Ⅲ. ①海产鱼类－观赏鱼类－文化－中国②海产鱼类－观赏鱼类－鱼类养殖 Ⅳ. ①S965.8

中国版本图书馆CIP数据核字（2014）第159640号

责任编辑：杨　明

责任印制：赵麟苏

海洋出版社 出版发行

http://www.oceanpress.com.cn

北京市海淀区大慧寺路8号　邮编：100081

北京旺都印务有限公司印刷　　新华书店北京发行所经销

2014年7月第1版　2014年7月第1次印刷

开本：787mm×1092mm　1/16　印张：6.25

字数：109千字　定价：35.00元

发行部：62132549　邮购部：68038093　总编室：62114335

《观赏鱼文化·鉴赏·饲养珍藏丛书》编委会

序

随着生产的发展、经济的增长和生活水平的提高，人们更加寻求有益于身心健康的生活方式，追求丰富的文化内涵、宁静的自然环境与和谐的人际关系。应运而生的观赏鱼养殖和观赏鱼文化欣赏已风靡全球，成为人们一种健康、高雅的生活标志。

我国的观赏鱼文化有着悠久的历史，从宋朝开始，宫廷金鱼就以其美妙的色彩和丰富的姿态演绎着中华文化的博大精深。随着历史的发展，我国观赏鱼的文化不断发展、品种不断增加。目前，世界500多种观赏鱼中，可以进入家庭养殖的已经有260多种。特别是近几年来水产科技人员对观赏鱼的改良和引进，为我们展示了一个神奇而美丽的水中世界。

为了让广大的观赏鱼养殖爱好者更好地品味观赏鱼文化、鉴赏观赏鱼风采，养出自己心仪的观赏鱼，中国水产学会组织编写了《观赏鱼文化·鉴赏·饲养珍藏丛书》。本丛书包括金鱼、锦鲤、龙鱼、神仙鱼、热带观赏鱼、海水观赏鱼等品种分册。在编写过程中，我们得到了许多观赏鱼界前辈和专家的指导和支持，特别是本丛书各位顾问的无私帮助，在此，我们代表丛书的全体编写人员表示衷心的感谢。同时，由于我们的知识水平有限，经验不足，书中难免有错误之处，谨请广大专家和读者不吝赐教。

希望本丛书的出版，能够促进观赏鱼游进千家万户，使我们的生活更加绚丽多彩；游进我们的办公室，使我们的工作更有激情；游进我们的社区，带给我们一个和谐、宁静的氛围。让多姿多彩的观赏鱼与我们相伴，妆点我们的美好新生活；让传统的中华观赏鱼文化，伴随美丽的中国梦，焕发出新的光彩和魅力，为构建和谐社会增添一份新气象。

中国水产学会

2013年8月

目　录

第一章

海水观赏鱼的发展

人们在家中饲养海水观赏鱼是从 20 世纪 50 年代开始的，那个年代欧美人用 80 升左右的鱼缸配备强力气动过滤器来饲养小丑鱼、豆娘、鲀鱼等容易存活的海洋生物。这些鱼主要从东南亚捕捞运输而来，当时那是一种很昂贵的消费品，只有阔绰的人才能购买得起。随着民航运输价格的下调，海水观赏鱼的价格逐渐能够被更多的人所接受。在发达国家，海水观赏鱼消费群体日益壮大，于是刺激了原产地捕捞业的发展。20 世纪 60 年代，很多欧洲人和美国人开始到夏威夷、马绍尔、巴厘岛、斐济等地开辟渔场，进行海水观赏鱼的批发贸易。1960 年德国人罗伯特・通泽（Norbert・Tunze）发明了世界上第一台水族用的小型潜水泵，它给了海水鱼缸一颗"心脏"，从此水族水泵不断发展，使人们不再为无法维持海水的水质而发愁。

很快，人工海盐问世了，使得居住在内陆的人不再为得不到海水而困惑。起初的人工海盐实际上是浓缩的海水，人们可以根据自己的要求把它稀释成相应的浓度。但是，不久这种产品就被淘汰了，化工行业技术的介入使得人们可以用多种化学药物自己配制粉状海盐。粉状海盐要比浓缩液体更容易储藏和携带，而且它价格更低，质量更好。不久饲养海水观赏鱼逐渐发展到了日本、澳大利亚、我国的香港和台湾。

到了 20 世纪 70 年代，已经有至少 100 种海水鱼用于观赏鱼贸易，其中包括了饲养难度很大的神仙鱼、蝴蝶鱼、海马等。以电动水泵为"心脏"的维生系统逐渐成熟起来，更多的人开始使用蛋白质分离器和流沙过滤器等装置。海水鱼缸逐渐成为一个集合了维生系统和照明、控温等装置的整体产品，海水水族箱正式诞生。

20 世纪 80 年代，欧洲一些国家由于受到环保组织的压力，开始禁止或限量进口海水观赏鱼。大多数欧洲爱好者转向饲养珊瑚，并开始研究海水观赏鱼和无脊椎动物的人工繁殖。随之一些热带沿海的捕捞场开始转向研究人工繁育鱼类，因为人工繁育个体可以自由在国际上贸易。不久，人工繁殖就在小丑鱼、雀鲷、海马等几种鱼身上取得了成就。90 年代，欧洲一些国家的政府重新放宽对海水观赏鱼的贸易，经过 10 年的摸索，海水观赏鱼的饲养技术得到了突飞猛进的发展。

1990 年后海水观赏鱼进入我国内陆地区，一些大型城市相继在市内重要公园办起了热带鱼展。其中很多展览展出了简单的热带海水观赏鱼，如小丑鱼、狮子鱼、狐狸鱼等。随后，一些观赏鱼市场开始零星出现海水观赏鱼，由南到北，越来越多。同时期，国内许多大型海洋馆相继建立，这为丰富人民群众对海洋生物的认知提供了便利条件，许多人开始被热带海水鱼的美丽而倾倒，并在家中饲养。海南岛的一些渔民开始意识到观赏鱼和食用鱼一样可以带来可观的收入，于是相继捕捞并向内地输送。

2000 年以后，国内出现了许多水族器材生产厂家，他们经过学习摸索，开发出了很多我国自产的水族设备。其中耐腐蚀水泵、蛋白质分离器和人工海盐的研发，为国内海水水族饲养发展奠定了基础。相信随着人民生活水平的不断提高，社会和谐进程的不断发展，将有更多的人喜爱并迷恋上美丽的海水观赏鱼。

第二章

海水观赏鱼品种介绍

一、小丑鱼

对于饲养海水观赏鱼的新手来说，小丑鱼肯定是最佳的选择，小丑鱼因其拥有白色的线条图案，很像马戏团里小丑的装束而得名。小丑鱼和雀鲷都属于雀鲷科（Pomacentridae），它们在雀鲷中似乎太特殊了，不得不将其单提出来说明。目前，我们能在水族贸易中见到的小丑鱼大概有20种，基本都来自西、南太平洋和印度洋，分成两个属，透红小丑属双棘鱼属（*Premnas*），其他种类都包含在双锯鱼属（*Amphiprion* 或称海葵鱼属）中。

1. 公子小丑（*Amphiprion ocellaris*）

这种小丑鱼无疑是海水观赏鱼中最驰名的，著名的美国动画片《海底总动员》的主角NEMO就是以公子小丑鱼为原型塑造出来的。它们广泛地分布在东南太平洋至印度洋海域，并且有多个近缘种或亚种。常见的公子小丑和黑边公子小丑（*Amphiprion percula*）多来自菲律宾和印度尼西亚，有一种身体中部具有黑色斑块的被称为黑膀公子小丑（*Amphiprion* sp.）或黑背心，这个品种一般采集于东印度洋或澳大利亚海域。黑公子小丑（*Amphiprion percula*）又称黑小丑，只分布在澳洲北部海域。让人眼花缭乱的公子小丑从体色上难以区分，而且除黑小丑外，其他品种互相都可以杂交，杂交出的后代体色花样更繁多，因此把它们统称为公子小丑。

虽然这是一种非常容易饲养的观赏鱼，但很不幸，许多个体都死在了运输和捕捞过程中。菲律宾地区捕获的大部分公子小丑存在质量问题，很多是靠药物捕捞的。这些小丑鱼不能在人工环境下生存，因为它们的内脏受到了伤害。从菲律宾运输来的公子小丑在一周内死亡率可以达到60%，一些个体在运输到目的地后就已经是死尸了。来自其他地区的公子小丑较为健康，也可以购买由国内繁育出的人工个体，只要个体本身没有伤损或疾病，公子小丑是很容易适应水族箱生活的。

小丑鱼通常在被放入水族箱后会躲藏起来，直到确信没有危险后才游出来。这种鱼一开始就可以接受人工饲料，不必经过特殊的训导。如果水族箱中有地毯海葵，它们会很快居住到里面去。公子小丑对地毯海葵有特别青睐，当其他海葵被混养在一起时，它们首先选择的肯定是地毯海葵。如果没有地毯海葵，它们会选择公主海葵或红肚海葵，但很少有公子小丑接受紫点海葵。当它们具有海葵黏液的保护后，就很少患细菌或寄生虫类的疾病了，因此不必为它们被寄生虫侵袭而忧愁。

2. 红小丑（*Amphiprion frenatus*）

和公子小丑一样，被叫做红小丑的鱼也有好几种，它们的分布从南太平洋一直到红海。红小丑的品种很多，分布在印度洋地区的红小丑（*Amphiprion melanopus*）身上黑色区域面积很大，而且随着生长，黑色区域越来越大。西太平洋地区的红小丑个体身体上红色区域更多，而澳大利亚地区的红小丑（*Amphiprion rubrocinctus*）黑色甚至发展到了头部。还有一种西印度洋的红小丑个体，脸上没有白色的纵纹，被称为红苹果（*Amphiprion ephippium*），这个品种很是名贵。

在我国香港地区红小丑也被称为红番茄，欧美国家也这样称呼它们（Tomato fish）。无疑，它们是双锯鱼属中最凶猛的品种，成年的雌性体

长 12 厘米，受到威胁时甚至会跳出水面攻击敌人。

红小丑非常喜欢和大的红肚海葵共生在一起，而且它们还会主动保护海葵的安全。当一条红小丑占据了一个海葵后，那便是它神圣不可侵犯的领地。如果有其他鱼靠近海葵，红小丑会将它们驱逐走，假设你移动海葵，红小丑也会攻击你的手。如果有沙子或石头把海葵遮盖了，红小丑会奋力地将其清理干净。我们很难将两条成熟的雌性红小丑混养在一起，它们打斗时咬牙发出的“咯咯”声隔着水族箱的玻璃都可以听到。幼年的红小丑也不易混养在一起，至少要 5 条以上的混养，才能和睦相处。但随着年龄的增长，当出现两条雌性的个体时，有一个会被消灭。一条红小丑女王可以和几条雄性居住在一起，那些雄性一般只有它一半大，而且身上没有黑色的色块。女王只和其中一条交配，其他的都要充做苦役。即使水族箱中有多个海葵，“苦役”们也不会拥有一处，那些“豪宅”都是属于女王的，它不时穿梭在“豪宅”之间。

3. 双带小丑（*Amphiprion clarkii*）

双带小丑包括了太平洋双带小丑、印度洋双带小丑（*Amphiprion fuscocaudatus*）、西印度黑双带小丑（*Amphiprion sebae*）等几个品种。大量捕获于我国南海的属于印度洋双带小丑。这类鱼体长大多在 10 ～ 15 厘米，贸易个体多半是 5 ～ 10 厘米的幼体和亚成体。它们无疑是分布最多的小丑鱼，也是最廉价的品种。

印度洋双带小丑的性别很容易分辨，成熟的雌性腹鳍第一棘条为黑色，雄性则全部为黄色。它们不像其他小丑鱼雌雄间个体差异很大，一般情况下，一对夫妻的体长差距不超过 1 厘米。双带小丑是小丑鱼中适应能力最强的品种，如果还不会饲养海水观赏鱼，那就从双带小丑开始吧。即便同时饲养 10 条以上全为成熟的双带小丑个体，它们互相的打斗也不是很激烈。

只要水质和温度合适，它们就可以在水族箱中产卵，而且一个 400 升

的水族箱可以容纳 3 ～ 4 对夫妻在同一时间段繁衍后代。虽然这些家庭经常会发生争端，但打斗并不会太激烈。小鱼的成活率要比其他品种的小丑鱼高，非常适合喜爱繁殖海水观赏鱼的新手练习。

双带小丑鱼在水质较差的时候比其他小丑鱼容易感染细菌疾病，当我们降低海水盐度或添加药物时，它们也可能会有不良反应。一般情况下，感染细菌的鱼会首先出现眼球突出或烂尾，必须给予换水，并用杀菌类药物治疗，才能康复。病鱼会表现出胆怯或烦躁的不同情绪，小一些的个体多半躲藏到石头缝隙里不出来，而个体大的鱼则经常会因为病痛折磨而袭击其他鱼。

由于双带小丑在南方沿海地区分布很广，而这些地区的海水多半存在污染问题。很多鱼携带有细菌或寄生虫，因此必须进行严格的检疫才能放到饲养水族箱中。在贸易中，很多双带小丑感染有斜管虫，但这些寄生虫对它们的威胁并不是很明显。而当把该鱼和其他品种混养时，疾病会很快传染。特别是神仙鱼和蝴蝶鱼被感染后，死亡率很高。

4. 咖啡小丑（*Amphiprion perideraion*）

咖啡小丑也是很常见的小丑鱼品种，在我国香港地区被称为“粉公”，而我国台湾地区多用“银线小丑”这个名字。其实它们本身并不是咖啡色。我们可以在市场上看到来自印度尼西亚、菲律宾、我国南海的咖啡小丑，它们长得一模一样。贸易个体一般在 5 ～ 8 厘米。

我们可以用很小的水族箱来饲养这种鱼，10 升水的水族箱饲养一对，它们生活得仍然很开心。如果水族箱足够大，可以饲养一大群。虽然它们不会成群地游泳，但打斗现象比其他小丑鱼要少得多。即便是混养个体很小的其他品种小丑鱼，咖啡小丑也很少欺负它们。它无疑是小丑鱼中最温良的品种。地毯海葵、紫点海葵、红肚海葵都可以接受，巨大的地毯海葵可以是好几对咖啡小丑的家。任何品种的其他小丑鱼都对咖啡小丑造成威胁，这种小丑鱼实在是太软弱了，而且个体也小。在和其他小丑鱼混合饲养时，要避免其他品种体形过大，并保证其有充足的生活空间。如果在 100 升以下的水族箱中同时饲养红小丑和咖啡小丑，咖啡小丑将终日被追得狼狈逃窜。

咖啡小丑更喜欢把卵产在洞穴里，如果不提供倒置花盆或空心砖，很难让它们在暴露的岩石上产卵。它们将卵产在花盆内壁上，亲鱼会非常负责任地照顾卵，直到卵孵化。

5. **透红小丑**（*Premnas biaculeatus*）

在小丑鱼家族中只有透红小丑是单独一类，它们被归到双棘鱼属，在它们的眼睛后下方会有一对棘刺，因此得名。大量的透红小丑来自菲律宾和印度尼西亚，在苏门答腊和明达威群岛出产的个体，身上的白色线纹很宽，成年后变成金黄色。这个品种被列为单一种，称金透红（*Premnas epigrammata*）。

成年的雌性透红小丑可以长到 16 厘米，而雄性只有 8 厘米。雌性在成年后颜色会变成暗红色，有的近乎成了棕色，正如它们的名字"褐紫红色小丑"(Maroon Clownfish)，而雄性永远可以保持鲜亮的红色。任何两条同性的透红小丑都不可以饲养在一起，即便水族箱足够大，它们也会在一起打架。而当一对夫妻被引入后，它们往往形影不离。它们很喜欢居住在紫点海葵或奶嘴海葵里面，对地毯海葵不是很感兴趣。当将本品种和其他小丑鱼混养时，除非其他鱼过来挑衅，否则透红小丑很少主动攻击其他品种。

透红小丑的游泳姿势非常优美，它们一般都是竖立起所有的鳍，像蝴蝶一样在水中浮动。

如果水质不好或硬度不够，透红小丑会在饲养一段时间后逐渐褪色。由红色变成橘红色，再变成完全的橘色。饲养水质尽量维持硬度在 9° dH 以上，并保持规律性换水。把透红小丑饲养到能繁殖，是件漫长的事情。这种鱼寿命很长，成熟时间也很晚。就饲养过的鱼看，至少要 5 岁以上的雌性才具备繁殖能力。一般情况下，尝试繁殖都购买成体加强培育。在马来西亚和印度尼西亚，很多销售商将这种鱼成对出售。因为，此鱼在原产

地成对生活，而且不怕人，即便将其中一条捕捉上来，另一条也不会逃跑。

二、雀鲷

雀鲷类一直充当着海水观赏鱼爱好者的入门练手品种，没有什么其他品种的海水观赏鱼比它们更容易饲养。而且大多数雀鲷都十分廉价。在一个新水族箱建好后，人们会花上几十元钱购买几条雀鲷放进去，让它们试水。雀鲷的种类很多，它们广泛分布在世界上所有珊瑚礁海域，甚至在温带的海藻群落区域、潮间带也能看见它们的身影。雀鲷科（Pomacentridae）大概包含了 30 ～ 40 个属，全世界至少有 400 种以上，在观赏鱼贸易中常见的约 30 种。

1. 三点白（*Dascyllus trimaculatus*）

从它的名字就可以看出来，它身上有三个白点，一个在头顶另外两个在身体两侧。国内水族市场中出现的大部分个体采集于我国南海。它们是最易饲养的海水观赏鱼，几乎能生活在任何条件的海水中，即便氨高到了0.05毫克/升，它们仍然可以生活。

5厘米以下的三点白最具观赏价值，它们身体的颜色最黑，三个白斑点最明显。当它们逐渐长大，白色斑点越变越小，身体的颜色也逐渐成为了灰色。10厘米以上的个体，颜色几乎全变成了灰色，白斑点也基本消失，失去了观赏价值。不必担心的是在一般家庭水族箱中它们的成长受到了制约，一般在体长8厘米后就不再生长。成年的三点白会变得很凶猛，经常攻击其他观赏鱼。

和小丑鱼一样，三点白也喜欢和海葵共生在一起，没有海葵的时候它们会把宝石花珊瑚当成自己的家。饲养一群三点白的时候，其中会有一条生长速度远远快过其他个体，几个月后，它就可能长到其他鱼的两倍。它就是群落的首领，所有三点白在它的统治之下，甚至有些别的品种的雀鲷也会加入它的群落。

如果水族箱足够大（400升以上），三点白可以在人工环境下产卵，但将幼小的鱼饲养到成熟需要很长的时间。如果购买了4厘米的个体，饲养3～5年后才可能产卵。在夏威夷海域出产的三点白（*Dascyllus albisella*），身上拥有巨大的白斑，成熟后身体中部是白色的，比普通品种要美丽很多，但其似乎没有在国内贸易中出现过。斐济和可可岛等南太平洋地区，出产的三点白（*Dascyllus auripinnis*）身体呈现褐色，腹鳍、臀鳍和尾鳍是黄色的，这个品种经常出现。马克萨斯群岛海域出产的三点白（*Dascyllus strasburgi*）拥有银色的身体，是三点白家族中最名贵的品种。

2. 三间雀（*Dascyllus aruanus*）

每年各国观赏鱼贸易者都会从菲律宾和印度尼西亚引进大量的三间雀，它们无疑是贸易量最大的雀鲷品种。成群的三间雀生活在珊瑚礁的周围，用它们黑白相间的花纹制造混乱来迷惑捕食者。最大的三间雀也只有 8 厘米，它们是本属中的小个子。如果不是微型水族箱，建议同时饲养 5 条以上的群落，这样可以欣赏它们有趣的群体行为。

如果饲养一群三间雀，它们也会选举出一个首领。通常首领具有最鲜亮的颜色和最大的个体，其他成员受到首领的威吓，头部颜色会加深，一些个体甚至全身变成了褐色或灰色。在酸碱度太低或硝酸盐太高的时候，它们的颜色也会加深，而且情绪变得很不好。虽然它们很少攻击其他鱼，但相互之间却战争不断。每一条三间雀都希望水族箱中有一个完全属于自己的洞穴，但首领却贪图所有的洞穴。这让许多成员都要拼命争夺贫瘠或非常狭小的缝隙，它们相互示威，互相撕咬。当水族箱中有大型观赏鱼时（如 20 厘米以上的神仙鱼），它们就无心顾及互相的恩怨了，一心防御强敌，三间雀能维持相对的团结。

三间雀只有长到 6 厘米以上的个体才会产卵，它们在水族箱中生长非常缓慢，将一条 2 厘米的三间雀饲养到 5 厘米需要一年的时间，而将一条 5 厘米的三间雀饲养到 7 厘米则需要至少 3 年的时间。有时这种鱼将卵产在石头上，但没有耐心将它们的后代收集起来养大。

3. 四间雀（*Dascyllus melanurus*）

四间雀和三间雀的产地基本一致，不过身价要比三间雀高一些。它们在受到惊吓或水质不好的情况下不会把身体变成黑褐色，这让它们的观赏价值在本属中位列前茅。我们可以见到 8 ～ 10 厘米的三间雀，但很少见到 6 厘米以上的四间雀。虽然有野生个体长到 10 厘米的记录，但它们在水族箱中似乎不爱生长。

我们不能经常在水族店中看到这种雀鲷，它们的捕获量不如本属其他品种多。很多贸易商不愿引进这种鱼，在他们看来这种鱼价格高了一些，不如三间雀来得实惠。如果将四间雀饲养在水质极好的礁岩生态水族箱中，会看到它们每个鳍都镶有亮丽的蓝色边缘，而且身体也会发出绚丽的蓝光。

四间雀似乎不喜欢在水族箱中产卵，抑或这种鱼需要很长的时间才能成熟起来。目前还没看到过这种鱼的繁殖景象，这让它在同属中显得格外不一样。你如果喜欢，可以多养几年看看，说不定你会成功。

4. 蓝魔（*Chrysiptera cyanea*）

蓝魔是最被世人熟悉的雀鲷，它们拥有明亮的蓝色身体，在鳞片上会闪现出银亮的星光。贸易中的蓝魔主要来自菲律宾，在澳洲、斐济、日本等海域也有不同的地域种可以采集。最大的人工畜养个体只有 8 厘米，它们可能不会再长大了。

蓝魔是一种十分凶猛的小型鱼，它们之间的伤害非常激烈。因为不是群居动物，每条蓝魔都需要有自己的领地。它们攻击所有进入领地的小型鱼类，如果它们认为打得过，大型鱼的幼体也照样会去打。建议每 100 升水体里放养一条蓝魔，如果密度太大，会出现被打死的个体。不要在小于 100 升的水族箱中把它们和草莓、虾虎等小型鱼饲养在一起，蓝魔会杀了这些鱼。

良好的水质是保持蓝魔颜色鲜艳的前提条件，虽然它们可以忍受质量很差的水质，但当水的硬度不够或硝酸盐太高时，蓝魔身上亮丽的星光会消失，而且颜色逐渐加深，变成灰蓝色。

产自澳洲东部海域的蓝魔，尾鳍呈现出鲜艳的橘红色，被称为橘尾魔。其实它和普通蓝魔是一个品种，只是不同地域出现的颜色差异。在水质不良或饵料营养单一的情况下，橘色尾巴会逐渐消退，变成一条普通的蓝魔。即使日后再提高水质，增加营养，尾鳍的颜色也无法再变回来了。

5. 黄尾蓝魔（*Chrysiptera parasema*）

黄尾蓝魔是一种很受欢迎的小雀鲷，大量分布在印度尼西亚和马来西亚的海域，它可能是雀鲷家族中最小的一种，成年的只能长到 5 厘米。很多人喜欢在小的水族箱内饲养这种鱼，即便是一个玻璃瓶子，放养上一条，只要每周注意换些水，也不会出现严重的问题。同样被大多数人看重的就是这种鱼低廉的价格，它们在海水水族市场上很普遍。

在一个小环境里饲养两条，是不明智的选择。虽然我们可以用 5 升水来饲养一条，但如果将两条同时饲养在 10 升水中是不行的。它们相互攻击，而且十分拼命。需要多条饲养时，要保证每条拥有 50 升水的空间，最好有一些岩石缝隙，它们才可以欣然安家。如果把其他鱼种和蓝魔混养在一起，它们可能会有危险，蓝魔非常乐于袭击它们。

6. 黄肚蓝魔（*Chrysiptera hemicyanea*）

澳洲北部和印度尼西亚海域出产这种鱼，实际上只在对印度尼西亚贸易时才能见到这种鱼，虽然它的价格不比黄尾蓝魔高，但在市场上出现的频率却很少。原产地捕捞商，要很长时间才能捕捞到一群。从外形上看，这种鱼和黄尾蓝魔没什么区别，只是肚子是黄色的。个体似乎比黄尾蓝魔要大一些，可以见到 6 厘米的。

可以饲养一小群落，用它们来点缀美丽的礁岩生态水族箱是非常合适的。它们也会占据大多数岩石洞穴，在洞穴的争夺上比其他品种要温和一些。繁殖情况和黄尾蓝魔一样，喜欢将卵产在洞穴里。如果成群饲养在较大的水族箱中，它们可以自己配对。

7. 蓝天堂（*Pomacentrus auriventris*）

这种鱼也被称为黄肚蓝魔，主要出口国是印度尼西亚，在巴厘岛附近有大量分布，但其他地方很少出现。在本属中它的价格最高，个体也最大，成熟后可以达到 10 厘米。

明亮的黄蓝对比加上成群地在水族箱中游泳，让它们看上去十分美丽。但是，如果水质不是特别好，它的美丽转眼即逝。在硝酸盐高过 50 毫克／升的水族箱中，2 个月就可以让它们的蓝色变成黑色，黄色部分也成为咖啡色，并失去光泽。怎样才能维持它们的美丽呢？

饲养者将它们饲养在稳定的礁岩生态水族箱中，与名贵的石珊瑚饲养

在一起。这样才让我们看到了保持美丽并成群活动的蓝天堂。很高的水质标准必须具备相当好的过滤系统，并保持稳定的换水才可以达到。至少要控制硝酸盐在 10 毫克 / 升以下，维持钙的含量在 420 毫克 / 升，酸碱度维持在 8.2 ～ 8.4，硬度不要低于 8° dH。这的确很困难，而且花费很大。

这种鱼相互间的冲突很少，而且从不攻击其他鱼，非常适合混养。可以用人工颗粒饲料喂养它们，这样成长速度很快。由于游泳速度快，对食物的争抢能力强，和行动慢的鱼饲养在一起，会造成行动慢的鱼无法吃到食物。

8. **黄魔**（*Pomacentrus moluccensis*）

这是非常常见的雀鲷品种，广泛分布在西太平洋到印度洋的海域里，目前大量贸易个体来自菲律宾。这种鱼也被称为柠檬雀（Lemon Damsel）或黄雀。通常有两个品种在市场上出现，另外一种是黑斑黄魔（*Pomacentrus sulfureus*），背鳍后部有一个黑色斑点，也被称为黑点黄雀。

黄魔是本属观赏鱼中最喜欢打架的品种，有的时候甚至会欺负蓝魔等其他属雀鲷。它们的体型在本属中是最浑圆的，当长到9厘米后，看上去十分强壮有力。虽然这种鱼十分容易获得，但目前还没有人工繁殖的记录，可能与其价值过低有关系。

9. **皇帝雀**（*Neoglyphidodon xanthurus*）

幼年的皇帝雀确实很漂亮，而且修长的尾鳍让它看上去很有气质。但一切都会随着年龄的增长而消失，饲养一年的时间，它就会变成一条又凶又丑的黑褐色“怪物”。很多人将成年后的皇帝雀用鱼钩从水族箱中钓出来扔进马桶，为了避免悲剧的发生，建议你思考好了再购买这种鱼。

▲ 从左到右依次为：皇帝雀、皇帝雀成体、火燕子

皇帝雀也被叫做金燕子，因为它小的时候尾鳍十分像燕子的尾巴。至少有三个不同品种的雀鲷在使用皇帝雀这个名字，它们的幼鱼近乎一样。一种是分布在南部日本的 *Neoglyphidodon nigroris*，一种是主要分布在印度尼西亚巴厘岛的 *Neoglyphidodon xanthurus*，最少见的一种分布在新西兰和澳洲海域，身体上的黑色线条呈现出蓝色光芒，是印度尼西亚品种的地域亚种，被定名为：*Neoglyphidodon* cf *xanthurus*。最常见的皇帝雀是来自印度尼西亚的品种，它们成熟后身体是咖啡色的，尾鳍略微呈现黄色。

这种鱼可以长到 15 厘米，如果将它们养到这样的尺寸，它就会成为水族箱中的霸王。任何雀鲷和小丑都是它们时常袭扰的对象，所以必须提供较大的空间让受欺负的鱼逃脱。皇帝雀是适应能力极强的鱼，很少有个体在水族箱中因疾病死去。如果食物供应丰富，可以长得很快。

10. 火燕子（*Neoglyphidodon crossi*）

年幼的火燕子简直太漂亮了，火红的身体，亮蓝的线条，身体后部还有蓝丝绒般的色块，使得它的身价格外高。但如果火燕子长成成年个体，就是一条黑灰色的怪物，而且凶残地追逐着其他品种的雀鲷。

这种鱼只分布在印度尼西亚的苏拉威西岛和弗洛雷斯海域，在国内水族市场中并不常见。从体长超过 6 厘米开始，它们的颜色就成为了黑色。而从 3 厘米长到 6 厘米，只需要几个月的时间，所以饲养前要想好它长大后你怎样忍受它的丑陋和凶残。

和皇帝雀一样，这种鱼十分好养，基本不会感染疾病，对水质、饵料要求都不高。一些地区把它称为“红燕子”。

11. 蓝丝绒（*Neoglyphidodon oxyodon*）

在本属的观赏鱼中，只有蓝丝绒成鱼和幼鱼基本形态一样。许多人把它归到 *Paraglyphidodon* 属中。蓝丝绒有很多名字，例如：丝绒雀、金丝绒、蓝线雀、金丝雀等。因为它身上大部分呈现出如丝绒布一样的蓝色，蓝丝绒这个名字使用率最高。

这种鱼分布很广，从台湾海峡到印度尼西亚西部海域都有分布。它可以生长到 12 厘米，但在水族箱中需要好几年的时间。在饲养时没有什么特殊需要注意的，只要其他雀鲷能接受的环境，它们都可以很好得生活。

12. 五彩雀（*Neoglyphidodon melas*）

因为腹鳍是蓝色的又被称为蓝脚雀。幼年的时候身体雪白，后背为金黄色。成熟后的雄性变成灰蓝色，而雌性则是黄色或褐色。分布在西太平洋到印度洋的大多数珊瑚礁海域里，主要输出国是印度尼西亚和菲律宾。

成年的雄性可以长到 15 厘米，但雌性一般不会超过 8 厘米。在水族箱中成长速度不是很快，需要两年的时间才开始变色。它们很凶猛，不要将两条同类饲养在一起，即使水族箱很大，它们之间的冲突也非常明显。成年以后，五彩雀攻击所有比自己小的雀鲷，不适合与其他品种混养。

13. 青魔（*Chromis viridis*）

青魔是我们最常饲养在礁岩生态水族箱中的观赏鱼，它们温和、好养，在灯光下闪着青绿色的光芒。青魔还有一种是 *Chromis atripectoralis*。这两个品种在市场上出现的频率都很高，而且长像基本一样，不是专业人士难以分辨它们。一些本属中同样具有青绿颜色的鱼在贸易中也被称为青魔，但数量很少，而且容易分辨，这里不进行系统介绍。

一个 400 升水的礁岩生态水族箱内，可以饲养 20 条青魔，在造浪泵作用下，它们会顶着水流成群地游泳，非常像大海中的自然景象。虽然这种雀鲷相对温和，但必须把想饲养的数量一次性放入水族箱中。当这些鱼适应了新环境，在水族箱中形成了完善的群落，就不可能再让新成员加入了。青魔群落里的成员们会集体攻击新来的同类，使得新鱼无法存活下去。会有一条体形最大的个体被“选举”成为领袖，群体成员将在它的统治下寻觅食物、躲避敌害。

青魔从不攻击其他种类的鱼，但如果水族箱过小它们会受到其他雀鲷的攻击。最好不要只饲养一条，它会感到很不安。也不要同时饲养两条，它们之间往往会发生战争。最适合的数量是 10 条以上一起饲养，如果水族箱太小，可以放弃饲养这种鱼，因为它们不能畅游，也展现不出美丽的姿态。

三、蝴蝶鱼

蝴蝶鱼确实美若蝴蝶，它们大多拥有侧扁的身体和绚丽的颜色，在水中游泳时如同蝴蝶翩翩起舞一般，因而得名。这是一群自然分类很系统的鱼类，它们都属于蝴蝶鱼科（Chaetodontidae），目前世界上已发现的约有一百多种，它们大多属于观赏鱼。

1. 人字蝶（*Chaetodon auriga*）

我国南海辽阔而美丽，孕育出大量的蝴蝶鱼，人字蝶是其中最为普遍的品种。因其身上的花纹如横向书写的“人”字而得名，在科学著作中将这种鱼叫做丝蝴蝶鱼。人字蝶分布得很广，从西太平洋到印度洋、红海都有分布。分布在红海地区的个体，身体上黄白颜色交会处明显颜色发暗，有的呈现出黑色斑纹。包括人字蝶在内的很多种蝴蝶鱼在眼睛部位都有黑色的条纹或斑块穿过，并且在背鳍的末端会生长一个类似眼睛部位的黑斑或条纹。这是一种迷惑花纹，蝴蝶鱼靠这种花纹保护自己的性命。海洋中的很多鱼类喜欢吃其他鱼的眼睛，为了防止鱼鳃卡住喉咙，大型鱼在吞食小鱼的时候也必须从头部下嘴，而一个假眼睛可以让敌人分不出哪里是头哪里是尾，这对没有其他御敌能力的蝴蝶鱼很重要。

饲养人字蝶不是很麻烦，从市场上得到的个体在被放到水族箱内后很容易适应新环境。它们吃鱼肉、虾肉、冷冻丰年虾和所有动物性饵料，但很难接受人工饲料。它可能会吃一些薄片饲料，但对颗粒饲料的接受能力非常有限。

小个体的人字蝶很难获得，因此需要进口。我们捕捞自海南的个体多半是15厘米左右的成体，当然也有20厘米的大家伙。它们在人工环境下表现得并不胆怯，但如果将一条人字蝶放到一个没有任何其他鱼的水族箱中，它就会十分紧张，甚至完全绝食。人字蝶是一种群居的动物，必须在熙熙攘攘的复杂社会中才能活得好。倒吊类、小神仙、龙头鱼都会让它们感到周围是安全的。如果想养得更好，有必要饲养5条以上的一个群落。这种饲养方式能让人字蝶很开心，它们很少互相攻击，而且会成群地在水族箱中游泳，十分漂亮。

不要试图将人字蝶和珊瑚饲养在一起，它们的尖嘴生来就是为吃珊瑚虫设计的。包括海葵和所有腔肠动物，它们都会去咬，即便吃不下，也可能杀死这些动物。五爪贝和其他软体动物的肉对于人字蝶简直是美味佳肴，它们可以把软体动物吃得一干二净。我们可以把各色的蝴蝶鱼饲养在一起，形成一个花色大群落，那样这些鱼就更活跃了。必须给人字蝶提供600升水以上的生活空间，而且要注意保持稳定的换水频率。不必用太高的盐度，如果比重能保持在1.018就完全可以了，低一点儿的比重对于疾病的预防有好处。人字蝶嘴太小，如果和其他品种的鱼饲养在一起，要增加投喂次数。不然它们就很难吃饱，会逐日消瘦下来。

如果条件允许，建议不定期给它们提供一些新鲜的生物石来啃。人字蝶虽然不吃石头，但很喜欢石头上的一些小生物。海绵、羊遂足、螃蟹、沙蚕都是它可口的小点心，而这些天然食物的补充会让人字蝶活得更久更健康。

2. 红海黄金蝶（*Chaetodon semilarvatus*）

这无疑是全世界范围内最出名的一种蝴蝶鱼，它们的分布极其狭窄，虽然有人在东非潜水中发现过它们的踪迹，但那可能是迷路的鱼。这种鱼只产自红海。当然，这么稀罕的鱼，自然身价不菲。人们喜欢将它们和大神仙饲养在一起，以显示水族箱的奢华。

其实这种鱼比人字蝶等太平洋地区的蝴蝶鱼要好养一些，这和精心的捕捞和运输有关，没有发现过一条引入后绝食的个体。在简单适应后，它们就可以接受人工颗粒饲料。在多条同时饲养的时候，它们抢着吃东西，很多神仙鱼在这方面逊色不少。

如果要保持红海黄金蝶金黄的颜色，必须保证饲养水拥有较高的盐度，比重不要小于 1.025，而且要将温度维持在 26℃ 以上，这是红海鱼类共有的特征。较低的硝酸盐也十分重要，最好控制在 20 毫克／升以下，不要让水中含有的氨超过 0.1 毫克／升，这种鱼对它们十分敏感。红海黄金蝶是生长速度很快的鱼，一不留神就可以生长到 20 厘米，所以要提供足够的活动空间。它们也吃一些紫菜，在投喂时要坚持每周最少一次紫菜，这对维持其蓝色的面部颜色很重要。

含有铜和甲醛的药物对红海黄金蝶是不利的，轻易不要给它们使用这类药物。淡水浴也是不可取的，它们会在淡水中痉挛。如果蝴蝶鱼已经接受了人工颗粒饲料，就尽可能不要再投喂虾肉或鱼肉，因为饲料里营养很丰富，而鱼虾肉内可能携带有寄生虫或细菌。许多鱼都能有效地免疫食物中的细菌，但红海黄金蝶就要差一些，当它们排泄的粪便成为了白色，那一切都晚了，肠胃的感染对于这种鱼是致命的。

3. 澳洲彩虹蝶（*Chaetodon rainfordi*）

在我国香港地区也被称作澳洲金间蝶，和其他蝴蝶鱼椭圆的身体不同，澳洲彩虹蝶的身体更近乎于正圆形。它拥有蝴蝶鱼家族中最绚烂的颜色，橘红和淡蓝色线条在浅黄的身体上勾勒出一缕缕绚烂的霞光。这种美丽的尤物得来甚是不易，它们只分布在南太平洋的东澳洲沿海地区，每年捕捞贸易量并不多。

和红海黄金蝶一样，保持较高的盐度才能维持澳洲彩虹蝶的绚丽颜色。它们也是能接受人工颗粒饲料的少数蝴蝶鱼品种。一些人尝试将澳洲彩虹蝶饲养在礁岩生态水族箱中，它们似乎可以和一些软珊瑚和睦相处，但对于很多石珊瑚而言它们是危险的掠食者。

必须保证良好而稳定的水质，酸碱度的微妙变化会送了它们的命，硬度维持在 10° dH 左右，这样相关指标都是稳定的。光照对于保持彩虹蝶的绚丽颜色也很重要，每天至少 8 个小时的照明，高度低于 50 厘米的水族箱用荧光灯就够了，50 厘米以上的水族箱要使用金属卤素灯。26 ～ 28℃是饲养的理想温度，30℃以上就会加速鱼的褪色，而低于 26℃往往造成鱼的绝食。

四、倒吊

倒吊类通常意义上是指鲈形目刺尾鱼科（Acanthuridae）内具有观赏价值的鱼类。本科中有六个属，即：刺尾鱼属（*Acanthurus*），包括粉蓝吊、鸡心吊等；高鳍刺尾鱼属（*Zebrasoma*），包括黄金吊、大帆吊等；鼻鱼属（*Naso*），包括天狗吊、独角吊等；栉齿刺尾鱼属（*Ctenochaetus*），包括火箭吊、金眼吊等；盾尾鱼属［也有分类把盾尾鱼属归类成盾尾鱼亚科］（*Prionurus*），包括了多板盾尾鱼等；副刺尾鱼属（*Paracanthurus*）在观赏鱼中只有一种，就是大家熟悉的蓝吊。除盾尾鱼属外，其他五属都有观赏价值很高的鱼类，其中刺尾鱼属和高鳍刺尾鱼属的一些鱼在当今海水水族领域里是相当流行的品种。近年来分类学家们不断对鱼类分类学重新归整，将刺尾鱼科提升成了一个亚目，称为刺尾鱼亚目（Acanthuroidei）。将近缘的篮子鱼科（Siganus）和镰鱼科（Zanclus）归入了亚目中，于是篮子鱼科的狐狸（*Siganus vulpinus* 狐狸吊）和镰鱼科的神像（*Zanclus canescens*）也被纳入了吊类观赏鱼。这个分类方法确实较以前更为科学，狐狸和神像不论是形态还是习性都和吊类非常接近。因而，目前被称为倒吊类观赏鱼的品种应该包括了 8 个类别。

1. 粉蓝吊（*Acanthurus leucosternon*）

这种鱼一般采集于菲律宾和印度尼西亚的珊瑚礁海域，少有个体采集于夏威夷附近。就出产地情况来看，印度尼西亚的个体质量最好。捕获的个体一般在 10 ～ 20 厘米，由于幼鱼颜色不鲜艳，因此市场上见不到太小的幼体。

粉蓝吊性情暴躁而且非常活跃，当把它放入水族箱时，它就开始到处乱窜，东游游西逛逛。几乎看不到它在水族箱中有一刻停歇，睡觉的时候也一样。如果它哪天停歇了，恐怕是染病或快要死了。所以饲养粉蓝吊的水族箱必须足够大，至少在 300 升以上，当然越大越好。如果用小于 1000 升的水族箱去养这种鱼，只能饲养一条，甚至不能混养五彩吊、鸡心吊这样的近缘种。因为它们太喜欢打架了，如果在相对小的水体中出现了两条势均力敌的同类或形态相似的品种，老“住户”会马上游过去，拼命地围绕着新来的转圈，然后开始用自己的尾柄刺竭力剐蹭那条鱼。锋利的尾柄刺如同手术刀一样，很快新来的鱼身上留下许多冒血的伤口，甚至被剐瞎眼睛，最后死亡。即使是饲养在 1000 升以上的大水族箱中，也最好把要饲养的数条粉蓝吊同时放进去，这样可以避免因为进入先后顺序而引起的强弱之分。粉蓝吊虽然有美丽的蓝色外衣，但那并不是永久的。如果饲养水

不能保持硬度和酸碱度维持在较高的合理值内，那么粉蓝色的外衣会很快褪色，数周就能变成灰色或惨白色。为了维持粉蓝外衣的颜色，最好把碳酸盐硬度（KH）稳定在 7 以上，pH 值稳定在 8.4。食物是否丰富也直接影响到粉蓝吊的颜色，虽然这些馋嘴的家伙更喜欢吃肉（如虾肉、鱼肉），但如果没有植物性食物的补给，美丽的颜色一样会消退掉。饲养中常给它们提供一些新鲜的生菜、白菜，一些用水泡开的紫菜，如果这样仍然不够，可以添加新鲜的海藻和螺旋藻片，这样可以保持住它们美丽的外衣。

食物的合理搭配还直接影响到这类鱼的健康状况，如果我们只给粉蓝吊喂食人工饲料和丰年虾，不久它们的肠胃就会出现问题，鱼会越来越消瘦，甚至瘦得如一张纸片。造成这种情况的原因是它们那适合消化粗纤维的肠胃在吃了过多大鱼大肉后的不良反应，因此，不要把鱼惯坏了。最好让它们多吃青菜。饲养粉蓝吊的饲料比例最好为：肉类：蔬菜：海藻=1 ：2 ：2。

这个配方可以让粉蓝吊看上去非常健壮而且颜色亮丽。有些个体的鱼很馋，喂过虾肉后就不再吃蔬菜了。想解决这样的问题，饿它几顿就可以了，帮助它戒掉馋嘴的坏毛病。

粉蓝吊不攻击和自己体形相差悬殊或形状截然不同的鱼，也从不啃咬珊瑚，因此非常适合在有珊瑚的水族箱中饲养。这种鱼很受欧洲人的欢迎。

它们还是珊瑚水族箱中可恶丝状藻的杀手，虽然靠它们吃这些藻是无法将水族箱清理干净的，但对于抑制人工清理后藻类的再生还是十分有用的。粉蓝吊胆子很大，稍训练一段时间就可以在人手上取食物吃，同时它们的游泳速度也很快，是水族箱中的飞速“强盗”，如果和一些觅食速度慢的鱼（如海马、鳗鲡等）饲养在一起，那些笨家伙恐怕要被饿死的。

2. 五彩吊（*Acanthurus nigricans*）

五彩吊和粉蓝吊一样很容易适应人工环境，并且十分活跃和健壮。可能是由于颜色不够亮丽，它比粉蓝吊要低调得多，不太喜欢争斗。即使几条被放到了同一个不大的水族箱中，也并非战争频频。有的时候也会互相用尾柄刺格斗一两下，不过很快就能平息。在与粉蓝吊的战争中，每次都是五彩吊败北，它们不论是身体的强壮度还是精气神都远远比不上来自印度尼西亚的表亲。所以，如果在小于1000升的水族箱中最好不要同时放养粉蓝吊和五彩吊。

五彩吊对食物的要求不高，也不会因为食物的原因过度褪色。但最好保持动物性饵料和植物性饵料的比例相同，因为它们的肠胃也不适合光吃肉。和粉蓝吊一样它们也是礁石生态水族箱中重要的成员。如果饲养一群五彩吊，它们在团体里会产生阶级。往往有一条处于强势地位，统治其他成员。这条“鱼首领”身上的黄色看起来会更鲜明，它比其他成员也更活跃，情绪极佳的时候，背鳍后部的红色会十分鲜亮，并时常竖立背鳍彰显首领的霸气。

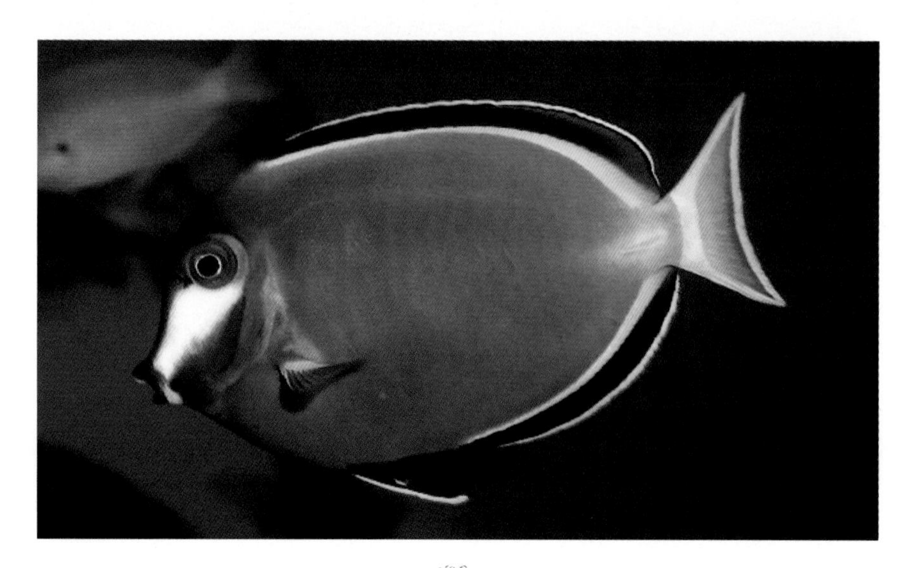

3. 红海骑士吊（*Acanthurus sohal*）

这是一种只产于红海的倒吊类，在整个刺尾鱼属中位居前茅的大个头。由于受到原产地的贸易保护，每年的贸易量并不是很多，价格也不菲。它们有着与其他倒吊类不同的弯月形尾鳍，使其在同类别中游泳速度名列前茅。而且骑士吊是吊类中少有的“独行侠”，很少结群活动，领地意识十分强烈。

除非在大型的海洋馆，任何一个家庭水族箱中都只局限于饲养一条红海骑士。它们的颜色并不出众，但在水族箱里却格外抢眼，人们之所以特殊关注这种布满黑色密纹的观赏鱼，也许受到了其昂贵身价的心理暗示。红海地区由于相对封闭于其他海域，其海水的盐度要比别处高出一些，一般在 38 ～ 40，而其他海域海水一般是 33 ～ 35。所以，我们应当尽量调配比重在 1.025 ～ 1.028 的人工海水饲养这种鱼，不能低于 1.018。正如粉蓝吊在海水硬度过低的时候会褪色一样，比重过低的海水会让红海骑士看上去不那么鲜艳。它喜欢更高的温度，至少在 27℃的时候，其健康程度要明显好于 25℃。为了防止白点虫过度泛滥，如果不考虑饲养珊瑚，建议将饲养水温设定在 27 ～ 28℃，这样鱼也更为活跃。

红海骑士喜欢攻击和它一样具有大月牙尾巴的纹吊（*Acanthurus lineatus*）和一字吊（*Acanthurus olivaceous*），所以混养的时候应尽量避开，也可以用体形差异来消除互相间的火药味儿，如饲养 20 厘米的红海骑士，则可以混养 10 厘米以下的纹吊，大的红海骑士从来不屑欺负体形相差太悬殊的异类。它们也不伤害珊瑚和无脊椎动物，而且在一个复杂堆垒着大量岩石的礁石生态水族箱中，它们庞大的身躯依然能像燕子那样轻盈地闪躲开任何障碍物。但饲养水族箱一定足够大，最小长度也要在 180 厘米，容水 800 升以上。如果不给这种鱼提供足够的活动空间，往往会造成红海骑士绝食，甚至由于紧迫导致的死亡。虽然它个头大，胆子却十分小，如果挪动水族箱上面的灯或擦拭玻璃壁，红海骑士都会马上找一个石头洞穴或阴暗角落躲藏起来。因此，不要和一些性情过于凶猛的鱼混养在一起［如小丑炮弹（鳞鲀的一种，喜欢咬其他鱼）等］。

红海骑士的食物要多一些植物类的粗纤维，以螺旋藻片最好。市面上一些综合的海水观赏鱼饲料在生产中掺杂了玉米或豆粕，富含大量植物纤维，这种饲料非常适合这种鱼食用。红海骑士虽然比较名贵但并不难饲养，只要其他吊类能接受的水质，红海骑士也能接受。吃饱了就终日在水族箱中游来游去，扇动两片三角形的胸鳍。与其说是游不如说是飞，那姿势真的如雨燕掠过农田一样，一起一伏，匆匆过往却不忘留下一丝痕迹。

4. 黄金吊（*Zebrasoma flavescens*）

纤维的薄片饲料更适合黄金吊，白菜和紫菜也是很重要的营养补充品。黄金吊喜欢吃在水族箱中饲养的各种藻类，火焰藻（海膜科的一种海藻，颜色鲜红，具有很高的观赏价值）是最受欢迎的。一条 10 厘米左右的黄金吊，可以在 3 天内吃光 40 平方厘米的一小片火焰藻。如果礁石生态水族箱中有珊瑚因外界刺激而溃烂了一部分，那则成了黄金吊最喜欢的食物。虽然这种鱼不攻击任何珊瑚，但对腐烂的珊瑚虫尸体尤感兴趣，它们会啃咬珊瑚的伤口，造成更大面积的创伤，直到毁灭整株珊瑚。

黄金吊更适合饲养在 400 升以上的大型珊瑚礁生态水族箱中，它们的大小正合适在珊瑚群落中若隐若现，而且富含钙质的水会让它们的颜色看上去更亮丽。如果同时放养 5 条，肯定会出现一个强壮的头领，其他鱼对它畏惧，但也很依赖。虽然头领经常驱逐弱者或对它们发起进攻，但部族的成员们从来不愿意放弃和头领的亲密关系，总喜欢靠拢在它的周围活动。头领会经常竖起它高高的背鳍和臀鳍，那是黄金吊最美丽的姿态。喜欢挑衅的部族成员此时往往同时立起鳍，似乎想和头领争个高低，但很快就羞愧地收敛了，仓皇躲避起来。在一个水族箱内的黄金吊群体里，头领可能是雄性的，但更多时候是雌性的，因为雌性似乎生长的速度更快，个头一般也大一些。如果从5厘米幼鱼开始饲养，则头领并不是固定的。随着年龄和身体的增长，头领至少要更换3次。每一次都是被更强壮的个体所取代。尽量避免在同一水族箱中同时饲养两条黄金吊，如果要同时饲养最好在同一时间将它们引入水族箱。如果引入时间有先后顺序，则后来者很容易被前者消灭，别忘了它们具有手术刀一样锋利的尾柄刺。即使在已经饲养有一条或一群黄金吊的水族箱中再次引进一批，也必须保证新引进的数量要大于原有数量，并确认后来者个头不比前者小。

目前市场上所见的黄金吊绝大多数采集于夏威夷，虽然国内几个版本的鱼类志或图鉴都记载有采集于南沙群岛地区的标本，但不论是在海南渔民的鱼排上还是海水观赏鱼收购商那里，都没有捕获过这种鱼的记录。不但国内，即便在菲律宾、印度尼西亚、斐济和马来西亚也没有过捕获记录。这让我们对产于夏威夷的种群忧心忡忡，生怕因为我们的爱好而毁灭了这个自然物种。幸好人工繁育技术逐步成熟起来，一些原产地的渔场开始用人工采卵的方式繁殖黄金吊，并逐步将人工个体投放到市场上。黄金吊不能忍受甲醛的刺激，因此，在治疗寄生虫类疾病时不要使用福尔马林产品。

5. 咖啡吊（*Zebrasoma scopas*）

黑三角吊、褐吊都是它的别名，但仍然有些观赏鱼爱好者叫不出它的名字，因为在形形色色的海水观赏鱼中，它过于平淡，貌不惊人，一些爱好者虽然经常在鱼店里见到它，却无人问津。其实这种倒吊幼年的时候还算有些漂亮，至少产于菲律宾的5～6厘米个体看上去身体从前到后有一个暗黄到黑色的过渡，而且年幼的个体时常可以竖立起自己的背鳍，展示它的非凡气质。

咖啡吊虽然本身不亮丽，但和高鳍刺尾鱼属的其他品种搭配时倒很协调。特别是和黄金吊、紫吊搭配在一起饲养的时候，由于三种鱼体形完全一样，个体大小也基本相同，习性差不多，很容易在水族箱中混在一起，组成一个花色的倒吊群体。如果控制的数量得当的话，非常协调美观。一般建议在搭配上，保持黄金吊数量最多，至少是咖啡吊和紫吊总数的3倍，这样鱼群在对比反差下会更加夺目。故此，如果黄金吊是大明星的话，最佳配角奖一定要颁给咖啡吊。

咖啡吊是本属中最温和的一种鱼，从不攻击其他鱼，同类之间的争斗也非常少。它们和黄金吊一样可以接受任何饲料，而且生长速度也很快。如果水族箱足够大，在6个月里其体长可以从5厘米长到12厘米。当个体

越大，颜色越深。饲养到成体后，这种鱼会受到情绪的变化而改变身体颜色的深浅。如果过于紧张颜色一般可成为黑色，当过度兴奋或相互威吓，往往可以将体色调整成近乎白色。

6. 紫倒吊（*Zebrasoma xanthurum*）

这种鱼如果和本属的黄金吊、咖啡吊混养，应当保证它的个体最小，群体最少，并相对处于劣势。紫倒吊很喜欢欺负黄金吊，即使在一群黄金吊中只饲养一条紫倒吊，如果它的个体足够大，依然会追逐驱赶所有的黄金吊，并对黄金吊群体中的首领耿耿于怀。幼年的紫倒吊拥有美丽的蓝紫色外衣，明黄色的尾巴，而且在身体上能明显看到由不同深浅紫色变化出的数条横纹。有些个体在 8 ～ 12 厘米的阶段，还拥有许多蓝色斑点点缀在头部。随着个体的增长，当体长超过 20 厘米，这些花纹和斑点将逐渐消失，身体的颜色也逐渐加深，近乎深蓝色。有的时候成体的颜色也可以保持得更为鲜艳，这需要精心地喂养。在食物中添加螺旋藻或投喂含天然海藻的饲料非常重要。不要投喂闻起来散发豆饼气味的饲料，那会让紫倒吊褪色，变成暗淡的灰蓝色。当紫倒吊生长到 26 厘米的时候，它就已经足够大了，很多资料记载这种鱼可以更大。

购买紫倒吊的时候最好挑选年幼的个体，应尽量避免引进 20 厘米以上的个体，因为这些成年的脾气坏，不但喜欢在水族箱中横冲直撞，还不屑于接受人工饲料。暴躁的脾气让它们的身体经常撞击到岩石或玻璃上，造成划伤或骨折。如果不能接受人工饲料，意味着将被活活饿死。

水中的硝酸盐也影响着紫倒吊的情绪，如果海水一直保持着 50 毫克／升的硝酸盐含量，就不要饲养紫吊了，一般情况下紫倒吊在这种环境中不是绝食，就是疾病频繁。15 毫克／升以下的硝酸盐含量会缓解暴躁鱼类的压力，并帮助它们维持生理代谢的正常需要。如果没安装实用的硝酸盐处理装置，至少应每周换水 20%。同时维持一个较高的硬度也非常重要，当 KH 低于 10 时，紫倒吊患病的几率会大大增加。当 KH 小于 8 时，则很容易突然死亡。饲养在珊瑚水族箱中，维持 450 毫克／升的钙含量，将 KH 稳定在 12 以上，这样紫倒吊的身上会发出如丝绒般的光泽。

7. 大帆倒吊（*Zebrasoma veliferum*）

大帆倒吊和珍珠大帆倒吊（*Zebrasoma desjardinii*）作为观赏鱼品种，后者与前者的不同在于身体上纵向的条纹比较细，头部有不明显的白色斑点，尾巴上也多了一些蓝色的花纹。不论是哪一种，我们都简称为“帆吊”。

大帆倒吊是一种产量极高的鱼，可以做我国南海鱼类资源丰富的形象代言人。成年的帆吊一般可以达到 30 厘米，成群地出没于西南太平洋到印度洋的海域里，啃食珊瑚礁上面的藻类。而到了水族箱中则沾染了同种争斗的恶习，因此需要 600 升以上的饲养空间。放养的时候可以饲养 1 条，也可以饲养 5 条以上的群落，但绝不要同时饲养 2 条，以免弱势的一条被杀死。幼年的帆吊很好看，当背鳍和臀鳍展开的时候，体高可以是体长的 2 倍。但随着年龄的增长，它们竖立起背鳍的次数越来越少，背鳍和臀鳍的高度与体长比例也逐渐缩小，不是十分好看。成年的帆吊只有受到刺激或高度兴奋的时候才能展开背鳍，往往只有投喂饵料的时候才能看见其再现雄姿。

为了防止帆吊生长速度过快，可以试试只给它们吃蔬菜叶子和紫菜，这两种饵料的配合完全能满足其正常生理机能的需要，而且它非常爱吃，低蛋白质的摄入可以尽可能长地保持其乖巧的身姿。它们对水质的要求不高，只要一般海水鱼能接受的指标即可，不挑食、不胆怯、不容易患病。

8. **天狗倒吊**（*Naso lituratus*）

其面部花纹很像日本歌舞剧中的天狗形象，因此得名，还有人干脆把这种鱼叫做日本吊。天狗吊根据产地不同大体分成两种，太平洋天狗吊和印度天狗吊。前者非常普遍，每年我国南海和东南亚海域可以捕捞大量个体用于贸易。后者相对稀少，价格也高出了若干倍，它们产于印度洋和红海地区。实际印度天狗吊大量分布在红海区域，西印度洋地区捕捞到的并不多。它与太平洋天狗吊的区别是背鳍基部是金黄色，而太平洋天狗吊是黑色的，因此，印度天狗在香港地区的名字是“金发吊”。其实就太平洋天狗吊一种来看，根据分布地区的不同，外观也有些许差异，产在夏威夷地区的个体由于尾柄和唇呈现出红色，而不是橘红色，在同品种中最为美丽。

天狗吊可以长到 40 厘米以上，是大型观赏鱼，而且生性活跃，终日游来游去。最好用容积 1000 升以上的大型水族箱饲养它们。这种大型倒吊拥有两对尾柄刺，刺的比例比其他吊类大得多，看上去如悬挂了倒钩的鱼雷，可以想象其互相的打斗应十分凶猛。然而，其打斗现象并不像其他吊类那样频繁，只要同时饲养的两条身体比例不是太接近，基本上不会有大问题。即便发生战争，也多是相互的威吓。那两对尾柄刺可能更多的是用来防御

大型掠食动物袭击，在海洋馆中即便将大群的天狗吊放养在拥有鲨鱼和巨型石斑鱼的水池中，也基本不会被吞食，也许鲨鱼的确害怕那锋利的倒刺卡住自己的喉咙。从形态上也能证实天狗吊的尾柄刺更多的是用于防卫而不是进攻，我们可以发现，许多倒吊类的尾柄刺都是无色透明的或与身体尾部颜色融为一体，而天狗吊独独在尾柄处呈现出全身最亮丽的颜色，或红色，或橘红色，或明黄色。很多吊类借鉴了这一点，如黄吊和咖啡吊，如果不仔细观察，很难发现它的尾柄刺在哪里。而天狗整天耀武扬威地挥舞着自己的4把“钢刀”在大海中漫游，想必是在告诉掠食鱼类：“别吃我，我会割破你的喉咙。”尾柄刺隐藏得越好，其品种攻击性越强，尾柄刺部分用明显的警告色标识出来的种类，往往攻击性很弱。

天狗吊对食物种类从不苛求，可食鱼肉碎屑和白菜叶，当然任何海水鱼专用饲料对它们都是适口的。不使用人工饲料是因为天狗个头大，食量也大，专用饲料相对价格较高，时间长成本高。不仅天狗吊，饲养狐狸鱼（*Siganus vulpinus*，非常普通的观赏鱼）和大帆吊喂食时饲料也如此。

9. 蓝吊（*Paracanthurus hepatus*）

饲养蓝吊最好挑选小个体的，市场上从 5 ～ 25 厘米的个体都可以见到，但售价是一样的，甚至小的要比大的贵。因为大蓝吊不但颜色比幼体暗淡了一些，而且非常不容易接受人工环境。尤其是 15 厘米以上的个体，一半可能都死在了运输途中，到达目的地的鱼也处于非常虚弱的状态，有些会平躺在水族箱的底部一动不动，甚至连腮都不动。这是蓝吊特有的假死现象，一般 2 ～ 4 小时可以恢复在水中游泳。即便开始活动了，成年的蓝吊仍然非常胆怯。一有风吹草动就扎到一个角落里一动不动或再次平躺。为新鱼过水的时候，如果不小心碰撞了一下过水用的泡沫箱，激起水波乱荡，蓝吊会被吓得竖直窜到水面，然后乱撞箱子四壁，最终气绝身亡。类似这样被活活吓死的成年蓝吊时常会出现，而幼年蓝吊的转运和饲养中从来没有发生过如此不幸的事情。

蓝吊一旦适应环境，就很容易饲养。可以接受多种人工饲料，如白菜

和紫菜。但饲料要保证营养均衡，最好用含天然海藻成分的饲料喂养，否则易褪色或患头部穿孔病。尤其是头部穿孔，几乎每条 20 厘米以上的蓝吊都会患病。有的患病很轻，只是鼻孔变大，面部轻微褪色。有的则十分严重，整个头部的蓝色皮肤都脱落了，露出白色的骨骼和肉色的伤口。而这种病即便治好了，鱼也无法恢复本来的面貌。

有效控制蓝吊疾病的办法是经常换水，至少每周坚持换水 10%。保证水中氨的含量为 0，而且水必须清澈透明。给蓝吊足够的生活空间也很重要，至少要 150 厘米长的水族箱才能饲养能生长到 20 厘米以上的蓝吊。饲养蓝吊的数量可以随意，它们互相几乎不打架，但最好不要只饲养 1 条。只饲养 1 条的时候很容易因孤僻而绝食，或患消化系统疾病而死亡。此外，蓝吊在被捕捞的时候会竖立起所有的鳍，因此在捞起后经常挂在网上难以摘下。最好的捕捞方法是用水瓢、小盆或无结网。

10. 狐狸鱼（*Siganus vulpinus*）

狐狸鱼是最常见的海水观赏鱼之一，很多爱好者都饲养过这种鱼，它们廉价好养。普通狐狸鱼分布在西太平洋到印度洋海域，在我国南海有大量分布，目前市面上见到的个体十有八九都是来自我国海南的。通常贸易个体在 15 ～ 25 厘米，很少有太小的个体。

狐狸鱼具有美丽的黄色身体和如同狸猫一样黑白花纹的脸，这让它在海水观赏鱼领域里经久不衰。饲养它们的水族箱最好不要太小，如果容积小于 200 升的话，就会给它们带来紧迫感。狐狸鱼是最温顺的鱼类，它们从不攻击其他鱼，相互之间也很少发起进攻，即使偶有冲突，也无非相互炫耀一下了事。这使它们成为最大众化的鱼类，因此无论饲养什么鱼，似乎都可以搭配两条普通狐狸鱼在一起。

薄片饲料、颗粒饲料、冻鲜饵料都可以拿来喂养狐狸鱼，但最好使用含植物成分高的类别，这样对其健康有好处。可以经常给它们一些新鲜的白菜叶吃，它们喜欢这种食物，而且可以吃很多。狐狸鱼的排泄量很大，需要很强大的过滤系统来处理饲养水，并且要经常清洗过滤棉。在受到惊吓或休息的时候，狐狸鱼会将身体颜色调整出大理石一样的花纹，这是一种自我保护，借此将自己掩饰在错乱的岩石周围。它们虽然不伤害健康的无脊椎动物，但 20 厘米以上的成体非常喜欢啄咬珊瑚的伤口，因此饲养在礁岩生态水族箱中时，需挑选小一些的个体。

和倒吊类一样，当水的酸碱度低于 8.0 时，狐狸鱼很容易患白点病，这种疾病非常让人头疼。因此，要经常观测酸碱度，并将其维持在 8.2 ～ 8.4。

狐狸鱼对化学药物不是很敏感，可以用常规药物方法治疗疾病。它们对盐度的适应范围也很广，可以用 1.015 ～ 1.028 的比重来饲养，如果有体表寄生虫，可正常使用淡水浴治疗。

五、神仙鱼

这是一类非常有魅力的海水观赏鱼，它们大多具有强健而优美的外形、华丽而鲜艳的颜色，被混养在任何水族箱中都是主角。海水神仙鱼实际是指刺盖鱼科（Pomacanthidae）或称棘蝶鱼科的观赏鱼，大概有 40 ～ 50 个品种。包括了刺盖鱼属（*Pomacanthus*）、剑盖鱼属（*Euxiphipops*）、刺蝶鱼属（*Holacanthus*）、刺尻鱼属（*Centropyge*）、荷包鱼属（*Chaetodontoplus*）和月蝶属（*Genicanthus*）等，其中刺盖鱼属的品种被贸易率最高，著名的法国神仙、皇后神仙都纳在该属之中。刺尻鱼属和月蝶属的品种大多个体体长小于 15 厘米，我们将其归纳成另一类——小神仙鱼，此类将在后面部分中介绍，本部分只介绍大型神仙鱼。正如刺尾鱼科是因为尾巴上长了锋利的刀刺而得名，刺盖鱼科的鱼在鳃盖的后方都长有一对硬刺。这对刺大概是用来防御大型鱼从头部吞掉它们。

1．皇后神仙（*Pomacanthus imperator*）

皇后神仙分布很广，从贸易情况看，菲律宾和印度尼西亚产出的多为幼体或亚成体，我国则只产出成体。从资料上看，我国南海也产幼体的皇后神仙，但由于捕捞方式局限，导致无法供给市场。阿拉伯海、红海乃至东非沿岸也产出皇后神仙，目前在水族业发达的国家和地区，红海、东非产出的皇后神仙与东南亚沿海产出的是有区别的。红海、东非的鱼要比东南亚的价格高 3 ～ 5 倍。从外观上红海、东非的个体的体幅要比东南亚地区的略高，颜色更深，其他区别不大。之所以有价格差异，和其产量有关。

不了解海水观赏鱼的人会把皇后神仙的幼鱼和成鱼视为两个不同的品种，它们看上去确实不一样。年幼的皇后神仙具有深蓝色的身体，上面布满了一圈圈的白色和浅蓝色花纹，人们就把它叫做“蓝圈神仙”。这种花纹实际是用来迷惑捕食者的，混乱旋转的花纹很快会让你感到头晕目眩，这种鱼借此逃避天敌的侵害。其实，多数大神仙鱼的幼鱼和成鱼都拥有不同的花纹和颜色，刺盖鱼属的所有种幼体几乎都呈现出蓝色线条状花纹，这使得我们辨认一些不同品种的幼鱼十分困难。

蓝圈要生长到 10 厘米以上才开始变化自己的体色，完全变身的时间则和生活的环境有关系。如菲律宾的野生个体，一般在 15 厘米就全部为标准的皇后神仙了，而在采集于印度尼西亚的个体中却能见到体长 18 厘米后仍没有变身的蓝圈。在人工饲养条件下，蓝圈的变身更为迟缓，而且由于食物和生活空间的关系，往往变身不是很充分。不是头部完全变化了而尾部还保持着蓝色圈纹，就是身体完全变成横向条纹但面部还保留着幼鱼的花纹。这样会影响鱼本身的美丽，最好让蓝圈从小就生活在很大的水体中（比如 1000 升以上），帮助它们成功完成变身过程。

健康的皇后神仙是大神仙家族中最容易饲养的品种，但如果挑选了患有疾病或由于捕捞方式不正确的个体，那基本是不能成活的。挑选健康皇后神仙需要格外关注鱼的面部颜色和游泳姿态。健康的成鱼面部白色部分很鲜亮，而且有光泽。若是感染了疾病或内脏有所损害的鱼，面部则呈现出灰色、深蓝色或咖啡色。通常健康的个体会在水族箱中游来游去，非常活跃，胆量也非常大。而且不停地寻找食物。如果发现鱼出现呆滞或胆怯怕人的现象，则不要挑选。蓝圈的挑选方式肯定无法看脸色，因为它们还没有蜕变出白色的面容，可以看身体上蓝色部位是否有光泽，健康的个体身体能发出金丝绒般的光芒，而有问题的蓝圈会出现体色暗淡，白色花纹和蓝色基色浑浊，眼睛没有光泽，有的身上还有水印暗斑。不要购买商家打折出售的神仙鱼，患病的神仙鱼死亡速度很快。

皇后神仙能接受多种饵料，鱼肉、虾肉也好、白菜也好、颗粒或薄片饲料也好，照单全收。但对于体长在 30 ~ 40 厘米的完全成熟个体，最好给予直径在 0.5 ~ 1 厘米的鱼肉丁或颗粒饲料，太小的饲料会让大型神仙鱼不屑光顾，并造成它们吃不饱，抵抗力下降。这种鱼的排泄量非常大，水族箱要配备高效的生物过滤系统。不要尝试把成年的皇后神仙饲养在礁岩水族箱中，它们非常喜欢吃脑珊瑚、手指珊瑚和五爪贝，饥饿的时候还吃其他珊瑚，甚至可以吞下小鱼。它们特别喜欢咬软骨鱼的皮肤，不适合和鲨鱼一起饲养。虽然蓝圈和小于 20 厘米的皇后神仙似乎可以暂时在一些大型的礁岩水族箱中，但再稍大一点儿就会袭击珊瑚。

2. 蓝环神仙（*Pomacanthus annularis*）

蓝环是最大最强壮的神仙鱼，大的个体甚至有 45 厘米长，背宽超过 10 厘米，重量大概在 2.5 ～ 3 千克。以前这种鱼在我国海南曾有一定的捕获量，但目前国内主要分布地转移到了广西北海，由于北海渔民对观赏鱼的处理和饲养还不太了解，导致大量个体在该地区成为食用鱼。目前市场上见到的蓝环神仙多数从菲律宾进口。一般体长 15 ～ 25 厘米，偶尔有 40 厘米以上的个体出现。

由于这种鱼是本属中身体最强壮的，故而成了其他品种的主要威胁者。利用蛮力和牙齿的一对一单挑儿，强壮的一方肯定获胜。如和其他品种的神仙鱼混养，请尽量保持本品种的体形略小一些。这种鱼性情比较暴躁，新引进水族箱时会疯狂地到处乱游乱撞，要尽量避免在过水和泡带时受到惊吓。体长在 20 厘米以下的个体很容易接受人工饲料，但成体则需要一定时间的诱导才能接受。刚引进的新鱼最好给予白菜、紫菜等植物性食物，逐渐添加虾肉或贝肉，最终可以转变为颗粒饲料。有的时候 30 厘米以上的个体可能 1 ～ 2 个月不吃东西，它们比其他品种神仙鱼耐饥饿能力强很多。如果遇到一条始终不肯接受颗粒饲料或蔬菜的蓝环神仙，可以尝试将鲜活的蛤（如文蛤、青蛤等）掰开双壳投入水族箱，那种拥有非常鲜美味道的海产品可以帮助它恢复食欲。

幼体的蓝环神仙除尾巴是白色以外，花色几乎和蓝纹神仙一模一样，而且胖乎乎的很可爱。不要尝试将这种鱼投入礁岩水族箱，它们非常喜欢吃纽扣珊瑚和花环珊瑚，而且遇到即使不吃的品种，也愿意经常去用它们磨牙。当然，一些美国的爱好者能将这种神仙饲养在石珊瑚礁石水族箱中，但水族箱足足盛了 6 吨水，那简直就是一片微小的自然海域。

3. 法国神仙（*Pomacanthus paru*）

法国神仙主要出产在加勒比海地区和西大西洋的一些珊瑚海域，由于这种鱼自然生活空间较分散，目前在中美洲以东海域仍有新种群发现，一些独立种群一直延续到了西非沿岸，甚至在地中海的部分区域也有零星捕获。该鱼的主要捕捞出口国家是美国和巴西，由于地理分布离亚洲甚远，运输成本很高，在亚洲国家该鱼的价格一直较高。

在成年法国神仙乌黑的身体上，每一片鳞都能发出金子一样的光芒，这使得它受到了东南亚观赏鱼爱好者的追捧，在马来西亚、新加坡、我国香港等地，法国神仙无疑是最受欢迎的海水观赏鱼之一，正如那里的人们喜欢带有金属光泽的亚洲龙鱼一样，凡是能发出金光的东西都比较受欢迎。

一般情况下，不必担心购买幼体的法国神仙不能存活，这些鱼的捕捞和运输方法非常成熟，很少会有中毒或患病的个体被引进。但如果所在地的经销商没有足够的饲养技术，则也可能买到被二次感染的病鱼。因此，

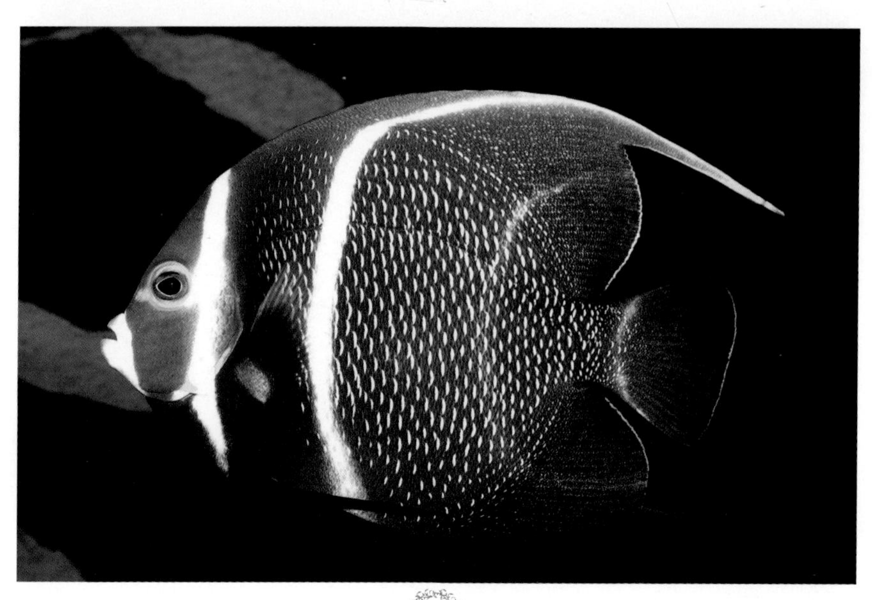

在挑选的时候要注意寻找规模大、技术成熟的商家，并观察鱼是否有明显疾病或萎靡不振。35 厘米以上的个体，不能马上适应水族箱中狭小的环境，会有短暂的绝食现象。对于此类绝食鱼应给予适当处理，首先最好能扩大其生活空间，特别是水的深度。45 厘米的法国神仙至少要生活在 90 厘米以上深度的水中，如果决定饲养，一定要定制一个有足够高度的水族箱。新鲜的海藻和可口的虾肉是它们最好饵料，还可以放一些小型的雀鲷对其进行进食引导。一小块活珊瑚也是很好的开口饵料，总之，要尽量让鱼在 3 周内开始进食，否则恐怕就有生命危险了。35 厘米以下的法国神仙如果不携带疾病，放入水族箱后的第二天就会开始寻找食物，不用特意地诱导，一周内就可以完全接受人工颗粒饲料。

虽然法国神仙能生活在 24 ～ 32℃ 区间的水中，但最佳的饲养温度是 26℃，如果为了防疫白点病可以短时间内将温度调节到 28℃ 以上，但不要长期让水族箱那样热，毕竟出产法国神仙的加勒比海是比较凉爽的热带海域。产于大西洋的法国神仙、灰神仙、女王神仙等，在硬度和酸碱度不够的时候很容易引发病毒性淋巴囊肿。特别是法国神仙，刚引进到新环境时，如果水质硬度不够则基本都要暴发这种疾病，对于成功育成极其不利。最好提供不低于 8.2 的酸碱度，硬度应保持在 10° dH 左右。

法国神仙的生长速度不快，如果从 10 厘米以下的幼体饲养，可能需要 3 ～ 5 年才能长到 30 厘米，受到水族箱空间的局限，人工环境下很少能将幼鱼完全培养到成熟。这种鱼和分布在太平洋地区的神仙不同，它们成熟后异性间很少互相攻击。但雌雄分辨难度很大，简直长得一模一样。年幼的法国神仙不论“男女”一样互相攻击，所以不可以同时饲养两条，但如果同时放养 6 条以上的群落倒可以相安无事。在混养中个体差异越大互相攻击的可能越小，如金色条纹没有褪去的 20 厘米以下个体和完全成熟的 40 厘米以上个体，通常可以生活在一个空间里。

4. 紫月神仙（*Pomacanthus maculosus*）

紫月神仙是目前最惯用的名字，另外在一些地区它们被称为半月神仙。紫月神仙主要产于红海，在阿拉伯海和东非沿岸也有捕获记录，目前野生个体主要输出国是以色列。2003 年我国台湾的观赏鱼养殖场成功地在人工环境下繁殖了这种鱼，因此，目前大多在市场上流通的幼体全部为人工繁育后代。这对保护原产地的野生种群非常有利，而且通过人工改良，还出现了身体上月牙花纹呈现白色的个体，称为白紫月。

紫月神仙是一种非常凶猛的神仙鱼，特别是成熟的野生个体，在水族箱中非常喜欢袭扰其他神仙鱼。由于其体幅宽、个体大、强壮有力，少有

其他品种的神仙鱼可以抵挡住它的攻击。因此，如果将其饲养在纯鱼缸中，往往会成为霸主。健康程度极佳的紫月神仙背鳍末端会生长和身体等长的鳍丝，如同戏曲中大将军头上插的翎羽。当它兴奋的时候，那翎羽就随着身体摇曳起来，非常美丽而有气势。

野生的紫月神仙十分强壮易养，经过人工繁殖的个体，更好饲养，只要普通海水观赏鱼能适应的水质和温度其都可以适应。如果饲养野生个体，可以适当调高海水比重，比如 1.025，这样会让紫月神仙的颜色更为鲜艳，活跃程度也更高。不要试图把它和珊瑚一起饲养，成年的紫月神仙喜欢啃咬任何珊瑚和软体动物，不要在饲养它的水族箱中贴装泡沫材料的背景装饰板，如果吞食了太多塑料泡沫，那将导致阻塞肠胃而死亡。

5. 女王神仙（*Holacanthus ciliaris*）

女王神仙之所以叫“女王”和其头顶上如皇冠般的亮丽花纹有关系，这个叫法起源于西方 Queen Angelfish。在我国香港其名称升级为“太后”。因为皇后神仙、皇帝神仙分布在太平洋和印度洋，对于亚洲地区，这些本土鱼率先占用了皇室的名讳，国无二主，从大西洋姗姗来迟的鱼岂能再使用“女王”这个称呼？由于其身价比皇帝和皇后都高，索性晋升成为了皇太后，这似乎是情理中的事情。

在观赏鱼贸易中，女王神仙的成鱼和幼鱼的价格都不低，特别是幼鱼，由于其可以和部分珊瑚饲养在一起，更受到了爱好者的喜爱。但是不论成鱼还是幼鱼，饲养好它要花一些心思。特别是10厘米以下的幼鱼，其抵抗力非常低，最好饲养在过滤系统成熟的礁岩生态水族箱中，而且要配置处理硝酸盐的装置，保持硝酸盐浓度低于15毫克／升，否则很容易造成鱼的夭折。幼鱼对食物也很苛求，不能单独只供给一种饲料，要有规律地配合投喂薄片、颗粒饲料、丰年虾等。还要给予充足的新鲜生物石，让鱼能自己啄食石头上天然生长出的藻类和海绵。不要试图用化学药物为幼年的女王神仙治疗白点病、纤毛虫感染等寄生虫疾病，当水中铜或汞的含量达到了可以杀死寄生虫的浓度，这条鱼也就被毒死了，它的耐药性太差了。由于幼年女王神仙的娇贵，导致真正能将其饲养到成熟的成功案例并不多，国内外皆是如此。

成年的女王神仙大概可以长到30～35厘米，雄性略大一些。成年鱼虽然不像幼鱼那样娇贵，但也不能承受太高的硝酸盐，而且它们对环境的适应能力也很低。小的女王神仙在引入后，如果身体健康，一般几天内就开始吃东西了。而成年的女王神仙，必定要绝食2～4周，它们对陌生环

境非常抵触。只有耐心地提供新鲜的虾肉或被开水烫过的莜麦菜叶才可能诱导其开口。成年女王神仙往往携带有寄生虫，而它们对药物却十分敏感，一般药物都要按其他神仙鱼的用量减半使用，所以，疾病治疗成功率也不高。

女王神仙是一种好奇心十分强的鱼，当把它放入水族箱时，它会一下子躲到石头后面，但不久强烈的好奇心就促使它到水族箱的每一个角落去猎奇。在几小时内它就可以游遍所有的区域，每一个石头洞穴它都会去探察一番，并不住地观察每一块石头，甚至每一粒沙子。因此，这种鱼需要较大的生活空间，建议水族箱不小于 800 升。虽然幼体可以暂时饲养在很小的水族箱中，但长久在一个狭小的空间圈养，会让鱼抑郁起来，并开始绝食，随后抵抗力下降，感染疾病而死亡。幼体女王神仙喜欢围绕珊瑚游泳，或捉弄珊瑚的触手，或啃食珊瑚上面的藻类，但很少袭击健康的珊瑚，所以可以安然地和无脊椎动物饲养在一起。成年的女王神仙也不喜欢吃珊瑚，但对软体动物非常感兴趣，饲养时不可混养五爪贝和其他贝类。

6. 马鞍神仙（*Euxiphipops navarchus*）

从分布上看，印度尼西亚、菲律宾和马来群岛是马鞍神仙的主要出产地，同时也是主要的出口国。从未变色的 5 厘米幼体到 30 厘米左右的成体在贸易中都可以见到。一般情况下，产于印度尼西亚和马来西亚的个体较容易成活，而菲律宾的个体受到不合理捕捞方式的影响，引入后死亡率很高。以马尔代夫出产的个体最为优良，颜色和健康状态在同类中都是佼佼者。不要轻易尝试购买 20 厘米以上的成熟个体，这类鱼在人工环境下很难稳定下来，通常要绝食很长时间。幼体的马鞍神仙很容易接受人工饲料，并可以饲养在礁岩水族箱中，它们对大多数无脊椎动物不造成伤害。不过小马鞍生性胆怯，通常被放入水族箱后就躲藏起来，有的时候可以好几天见不到面。有经验的饲养者喜欢将 10 厘米左右的个体和一些小型神仙共同饲养在一个礁岩水族箱中，有的时候马鞍喜欢追逐这些小神仙鱼，但并不造成伤害，而且可以提高马鞍神仙的兴奋程度，帮助它适应新环境和新食物。

这种鱼生长速度并不快，而且受到水族箱局限，很少能有在水族箱中生长到 25 厘米以上的，这样很适合饲养在礁岩水族箱中。轻易不要把马鞍神仙饲养在纯鱼缸中，它会被很多种鱼欺负，如皇后、蓝圈、国王神仙都喜欢攻击它。同属的蓝面神仙是马鞍最大的敌人，它们几乎见到马鞍就要进行灭绝性攻击，而且蓝面大多身强体健，很容易消灭弱小的马鞍神仙。

头洞病和白点病在水中硝酸盐高于 50 毫克／升时会随时在小马鞍的身上显现出来，所以一定给它一个高质量的水质生存环境。虽然它们并不是太喜欢吃植物性饵料，但每周补给一些新鲜的生菜叶还是必要的，这些植

物纤维可以帮助马鞍有效地缓解消化道的压力。即便是最小的马鞍神仙，也不可以同时在一个水族箱中饲养 2 条，它们一见面就相互纠缠不清。

7. 火焰神仙（*Centropyge loriculus*）

夏威夷群岛不但是度假的好地方，也是出产观赏鱼明星的地方，产在那里的火焰神仙是一个观赏鱼中知名度极高的品种。海水鱼中红色系的品种并不多，而能红得如火焰般的个体就更少了。人们不得不把火焰神仙评选为最红的海水鱼。国外的观赏鱼爱好者把它称为喷火神仙（Flame Angelfish）

从夏威夷到澳大利亚东北部海域都有这种鱼的出没，澳洲地区的火焰神仙身体上只有一条黑色的纵纹或黑色斑点。这个地域种的产量十分少，我们大部分用于观赏鱼贸易的个体均来自夏威夷。如果购买到 6 厘米以下的个体，那多半是人工繁育出来的。因为在原产地有许多美资渔场正大力地繁殖着这种鱼。人工繁殖的个体容易饲养，而且饲养这种鱼不损害任何自然资源，是非常值得提倡的。

一般情况下火焰神仙放到水族箱数小时后，就开始寻觅食物了，它们适应新环境的能力非常强。这种鱼是胆大的冒失鬼，任何礁石的空洞它们都必须进去探访一番，如果有鱼阻拦，它就展开背鳍向该鱼示威。即使个

体悬殊很大的大型神仙鱼阻挡了它猎奇的步伐，它一样会向其示威。自然打不过就跑了。它们喜欢水族箱中放置截断的塑料管或倾倒的花盆，如果饲养一对成功的火焰神仙夫妻，它们就会在里面产卵。不过鉴别雌雄是十分困难的事情，不妨尝试一下子饲养 5 条以上，让它们慢慢地自由恋爱吧。

任何人工饲料都可以让火焰神仙吃饱，但最好用高品质的颗粒饲料。保证充足的蛋白质和粗纤维的摄入，对于维持海水鱼“第一红”十分关键。不要用药物浸泡火焰神仙，它们很少患病。在水质稳定的情况下，些许的白点和溃疡会不治而愈。也不要使用淡水浴，虽然大部分个体不怕这种检疫方式，但也有一些会在淡水中痉挛死去。保持一个较高的比重，最低也要 1.023，这样会让鱼舒服一些，如果条件允许建议调整到 1.025。天气太热了要给水族箱降温，当水温高过 30℃ 时细菌繁殖得较快，而且火焰神仙的抵抗力会下降，这是很危险的事情。

火焰神仙可以和任何小神仙鱼饲养在一起，不过当水族箱中有如红小丑这样的领地意识极强的红色鱼类时，要尽量保持火焰神仙体型大于这些鱼。

六、炮弹鱼

炮弹类主要是指鲀形目中鳞鲀科(Balistidae)的观赏鱼，另外，单棘鲀科、前角鲀科和单角鲀科的一些品种也被这样称呼。看到它们如鱼雷一般的外形，就不难理解为什么给这些鱼起“炮弹”的名字了。在英语国家里，炮弹鱼被称为Triggerfish，意为扳机鱼，因为它们都拥有一个如手枪扳机的背棘，在遇到危险的时候这些“扳机”可以竖起防御，也可以将自己的身体牢牢卡在岩石洞穴里，防止大型鱼的吞食。

1. 小丑炮弹(*Balistoides conspicillum*)

小丑炮弹或叫圆斑鳞鲀，无疑是最被熟知的炮弹鱼。它们分布在西太平洋至印度洋的大部分地区，每年菲律宾、印度尼西亚、马来西亚和我国海南的渔民都有大量捕获。从5厘米的幼鱼到35厘米的成鱼都会出现在水族贸易中，最常见的个体一般15厘米左右。在所有产自印度洋地区的炮弹鱼中，小丑炮弹应当是价格最高的，不是因为它们稀少，而是它们的确很美丽。

幼年的小丑炮弹，腹部白色斑点显得非常抢眼，当它们像直升机那样悬停在水族箱的某个区域时，看上去格外可爱。如果临近观察它，它会转动眼珠审视你的动作。如果伸出一只手指，在玻璃上划动，它会过来跟随你的动作旋转。这种鱼可能拥有很高的智商，它们甚至懂得怎样讨好你，而为了得到食物。不需要太多的时间，幼年的小丑炮弹就会逐渐长大，如

果食物充足，它们一年可以生长到 10 厘米以上。可以喂食小丑炮弹任何品种的人工饲料，但对于幼体，最好能提供适量的鱼肉丁，它们是彻头彻尾的食肉动物，对于鲜鱼肉十分感兴趣。长期食用含植物成分太多的饲料，会让它们营养不良，颜色变得十分浅。对于成年的个体，最合适的饵料是新鲜的小海鱼或活的小河鱼，捕捉小活鱼来吃，是成年小丑炮弹非常热衷的一项活动。

在小丑炮弹个体小于 10 厘米的时期，可以用 100 升甚至更小的水族箱去饲养它。当它的体长超过 10 厘米后，那样的空间就太小了。这个时期，小丑炮弹开始暴躁起来，它们开始追逐欺负其他品种的鱼，如果空间能大一些，这些现象会很少发生。建议用 400 升以上的水族箱饲养小丑炮弹，这样它们可以生长得很健康。需要在水族箱中放置一些岩石，让它们有地方磨短自己生长太快的牙齿。不要在水族箱内安装泡沫材料的背景板，它们经常啃咬这些材料，并把咬下来的东西吞掉，这样很容易阻塞肠胃，造成生命危险。多条小丑炮弹同时饲养在一起，不会有问题出现，即使成熟的个体，它们互相之间的矛盾也很少。尽量不要惊吓小丑炮弹，成年的个体力量很大，如果受到惊吓会快速游动，撞到水族箱壁或石头后很有可能会昏厥。把它们从一个水族箱移到另一个水族箱时，最好使用塑料筐而不是捞网，它们的硬刺剐到网上后很难摘下。

小丑炮弹在捕捞后要经过减压处理，如果捕捞者手法不熟练，很可能造成鱼的减压不好或内脏损伤。这样的鱼一般漂浮在水面侧着身子游泳或非常消瘦，如果受伤了是无法饲养成功的。

2. 鸳鸯炮弹 (*Rhinecanthus aculeatus*)

鸳鸯炮弹是挫鳞鲀属的代表品种，被作为观赏鱼饲养的历史非常悠久。贸易中大部分成年鸳鸯炮弹捕捞于我国南海，一些幼体则来自菲律宾。它们身体上的斜向花纹非常美丽，颜色斑斓，如同鸳鸯身上的图案，故而得名。亚成体身上的花纹非常多，而且如人在画布上涂抹的抽象画一般错乱无序，这让它们得了另一个名字——“毕加索鱼”。这种鱼的花色确实是自然造物的灵笔。

不论是饲养 1 条或多条在水族箱中，它们都非常容易适应人工环境。10 厘米以下的幼年个体可以饲养在礁岩生态水族箱中，它们基本不攻击珊瑚。但当体长超过 20 厘米后，这种鱼就开始喜欢啃咬石珊瑚的骨骼，一来可以磨牙，二来也可以充饥。当它们生长到 25 厘米的成体后，身上的花纹会变得暗淡下来，有些个体甚至完全脱色。可以通过控制水质和增强饵料营养来维持鸳鸯炮弹的绚丽色彩，但效果很不明显。

鸳鸯炮弹在海中主食海胆，它们具有锋利的牙齿，在饲养时应给予一些贝壳或礁石，让它们磨牙，如果条件允许，可以在就近的海鲜市场上收集一些活的海胆投喂，可以观察到这种聪明的鱼是如何将刺球一样的海胆在水中翻转过来的。

3．魔鬼炮弹（*Odonus niger*）

饲养魔鬼炮弹不必考虑过多，它们可以适应低温、低盐度、低硬度、低酸碱度和高硝酸盐的环境。如果每天为水族箱换不超过 2% 的淡水，那么 2 个月后，就可以用比重 1.010 的海水饲养这种鱼了，在低盐度环境下，它们似乎更活跃。最好饲养一群，因为当一群魔鬼炮弹在一起错乱地游泳时，场面十分壮观，如在洞穴里惊扰了蝙蝠们睡梦后所发生的景象一般。

虽然我们给这种鱼冠以魔鬼的名字，但在炮弹类家族中，它们却很少欺负其他鱼，而且也不捕捉小鱼充饥。它们的红牙，只是捕食海胆用的，从不用来咬同水族箱内的鱼伙伴。虽然很少有人将它们和珊瑚饲养在一起，但魔鬼炮弹的确不伤害珊瑚，在过分饥饿时也许会撕咬软体动物，不过这种情况出现的频率也很低。

4. 蓝面炮弹（*Xanthichthys auromarginatus*）

在亚洲沿海出产的炮弹类中，只有副鳞鲀属的品种最少出现在水族贸易中，而蓝面炮弹则是其中之一。它们在运输过程中死亡率非常高，这让很多贸易商不愿意接触它们。蓝面炮弹生活在水深5～35m的海域里，因此，捕捞后必须进行减压处理，可见处理这种鱼有一定难度。

如果饲养得好，蓝面炮弹会展现十分美丽的身体。当硝酸盐低于50毫克／升时，这种鱼甚至全身散发出金属蓝色。在水质不好的情况下，这种蓝色会逐渐褪去，而且慢慢的脸也不那么蓝了。一般情况下，新引进的蓝面炮弹不能马上接受人工颗粒饲料，必须用鱼肉、虾肉逗引开口。新鲜的墨斗鱼肉是它们非常喜欢的食物，在处理一些过大个体不能适应环境的过程中，可以有效地打开它们的味觉。

至少需要给蓝面炮弹提供400升水的活动空间，在很小的生活环境中，它们会胆怯地蜷缩在一个角落里，不敢出来游泳。夏天的时候要把水温保持在28℃以下，如果水温太高，它们会突然死亡。

七、其他海水观赏鱼

1. 牛角（*Lactoria cornuta*）

牛角也称角箱鲀，是非常古怪的一种海水观赏鱼。在它们的头顶上和身体后部分别生长出了一对尖角，那可能是背鳍和臀鳍的衍生物，这些角十分得锋利，牛角鱼用它们来防御敌人的攻击。这种鱼在太平洋和印度洋地区产量很大，仅我国南海每年就可以捕获许多。牛角身体内具有闭合的骨骼，它们的身体摸起来非常坚硬，即使死去也不会变形。一些商家将牛角鱼晒干当做工艺品出售，如果环境干燥，可以保存许多年。

因为它们的角太过锋利，在运输时贸易商不得不用橡皮筋将角套起来，再将鱼装入塑料袋。在购买回来后，应将橡皮筋小心拿掉，要格外注意，不要让牛角扎伤手，它们的皮肤具有毒素，被扎后可能造成感染和中毒。饲养牛角的水族箱中不可使用臭氧，而且要尽量避免使用化学药物，突然的药物刺激，会使得其释放毒素，在狭小的空间里，首先被毒死的就是牛角本身。要尽量避免颠簸，很多事例证明，在运输途中的颠簸也可能让它们放毒。

野生情况下，牛角可以生长到30厘米以上，贸易个体一般都是5～20厘米的幼鱼。它们非常喜欢吃冷冻的鱼虾肉，如果用人工饲料饲养，可能会有短时间的绝食现象。不建议将牛角饲养在礁岩生态水族箱中，虽然10厘米以下的幼体似乎并不伤害无脊椎动物，但当它们生长足够大时，就开始噬吃珊瑚和软体动物了。它们是非常容易饲养的种类，即使水族箱中的雀鲷类因为环境问题死去了，它们可能都没事儿。在饲养一段时间后，牛角的颜色可能开始变浅，这可能是食物营养不全面造成的，不过一般不会危及到生命。如果想让它们维持健康的颜色，可以试试在饵料中添加新鲜的蛤肉，这对它们来说是最美妙的食物，喂食的时候一定要有节制，不要将鱼撑坏。

2. 木瓜（*Ostracion cubicus*）

和牛角一样，木瓜也是箱鲀科的代表品种，它们体内也有闭合的骨骼，身体更接近正方形。木瓜也是分布很广的一种鱼，菲律宾、马来群岛、澳洲海域、南日本海、红海和我国南海、东海都可以捕获到。成熟的个体可以生长到35厘米以上，但用于观赏的多是1～10厘米的幼体，特别是1～3厘米的超小个体，因为行为可爱，非常受到欢迎。

如果受到化学药物或震荡刺激，木瓜也会大量地释放毒素，毒死包括自己以及生活在一起的鱼类。而且10厘米以上的木瓜非常容易患白点病，这是很令人头疼的问题。因此，饲养时要特别注意检疫环节和过滤系统的维护。轻微的白点病，木瓜可以自行抵御并康复，如果木瓜患了严重的白点病，宁可将其捞出扔掉，也不要加药治疗，因为那样可能杀掉了所有的鱼。

木瓜很喜欢啄咬珊瑚的触手，不适合饲养在礁岩生态水族箱中。不过除了在引进之初容易被白点病感染外，这种鱼还是非常容易饲养的。它们对盐度、温度、硬度、酸碱度、硝酸盐都有很宽的适应范畴，而且可以在水族箱中活许多年。

3．日本婆（*Canthigaster valentini*）

这种鲀鱼是四齿鲀科扁背鲀属（*Canthigaster*）的代表品种，在太平洋和印度洋有大量分布，特别是在菲律宾、南日本海、我国南海地区非常容易捕获到。成体可以达到12厘米，一般贸易个体为5～8厘米。它们的背部隆起，上面有2～3条黑色宽纹，游泳时的动作很像穿着和服的日本女性，因此得名“日本婆”。

日本婆也是非常好养的鱼类，它们对水族箱环境和人工饲养的适应能力都非常强。像日本女性一样，这种鱼格外地温和，在众多鲀鱼家族中，它们是唯一适合和小型观赏鱼混养的品种。而且它们不攻击珊瑚，能够放养到礁岩生态水族箱中。

4. 狮子鱼家族（*Pterois*）

蓑鲉属（*Pterois*）内的所有品种在观赏鱼领域里都被称为狮子鱼，其中环纹蓑鲉（*Pterois lunulata*）、翱翔蓑鲉（*Pterois volitans*）、斑鳍蓑鲉（*Pterois miles*）捕捞数量最大，贸易中见得最多。作为普通爱好者来说，没必要把它们分得很清楚，因为它们饲养起来都是一样的。

贸易中的狮子鱼从 5 ～ 35 厘米的个体都有，作为一般爱好者应尽量选择个体小的饲养，成体的狮子鱼对人工环境的适应能力不强，容易绝食死亡。幼体的狮子鱼非常活跃，而且容易和人熟悉，它们很快就知道在你来到水族箱前时，游过来索要食物。必须先用活的小河鱼喂养它们，它们起初只吃会在水中游泳的食物。逐渐可以向水中投一些鱼肉块，当它们吃这些能迅速沉底的食物后，再训导它们接受人工饲料。小狮子鱼可以生长得很快，最好用大一些的水族箱饲养，否则可能造成生长中的畸形。

5. **医生鱼**（*Labroides dimidiatus*）

医生鱼属裂唇鱼属，它们的嘴十分小，牙齿成锉状。在自然海域它们主要啄食其他鱼类身上的寄生虫和腐败组织，这让其成为了大海中的“医生”，大多数鱼类感觉到身上痒痒时，都会找到医生鱼，寻求它的帮助。很多观赏鱼爱好者，希望医生鱼能为自己水族箱中的病鱼治疗皮肤疾病，于是到处寻找并引进，但大多收效甚微。其实，医生鱼能吃掉的寄生虫种类是有局限的，而且一条医生鱼的胃口远没有寄生虫疯狂的繁殖量大。在饲养密度合理，并且鱼类基本处于健康状态的时候，引进医生鱼的确可以抑制本尼登虫和腮吸虫的泛滥，但对于最常见的白点病（鞭毛虫类）侵害，医生鱼则束手无策。因此，仅凭医生鱼来治疗病鱼，绝对是不明智的选择。

这种小型隆头鱼虽然只能生长到 10 厘米大，但领地意识却十分强烈。如果在同一水族箱中引入两条，则身体略强壮的一条会用它纤细的小嘴不停地攻击另一条，往往在 2 ～ 3 天里，弱势的一条就可能被杀死。在大规模检疫过程中，也可以将几十条医生鱼放养在一起，它们似乎也不打架，这种环境造成了每条鱼都很紧张，互相处于防守状态，但那样的混养，终究不是日常饲养之道。

医生鱼对水质的要求不是很高，也从不攻击其他品种的观赏鱼，不论是饲养在礁岩生态水族箱还是纯鱼缸中都非常适合。目前市场上可以见到 3 个品种的医生鱼，除了普通医生鱼外，还有夏威夷医生鱼（*Labroides phthirophagus*）和霓虹医生鱼（*Labroides prctoralis*），前者只产自夏威夷，身体前半部分为金黄色，尾部有紫色线条。后者见于印度尼西亚，头部也是金黄色，尾部有白色线条。这两个品种在贸易中都不是很多，而且由于个体太小，很难在水族箱中饲养成功。

6. 海金鱼（*Pseudanthias huchtii*）

海金鱼的雄性为青绿色，雌性为黄色，一些爱好者也称其为绿宝石。这种鱼主要捕捞于菲律宾，是非常难饲养的品种。

很少能有人将海金鱼成功饲养1年以上，它们要不饿死，要不突然暴毙。这很可能和捕捞方式不正确有关系，在本属中捕捞于大西洋或红海的个体，往往很容易适应人工环境。产自菲律宾的海金鱼虽然价格低廉，但不适合人工饲养，它们的成活率几乎为零。在一些爱好者家中的确有海金鱼成功存活的记录，但那只是偶尔现象。

7. 草莓（*Pictichromis porphyreus*）

草莓、双色草莓（*Pictichromis coralensis*）、紫背草莓（*Pictichromis diadema*）是最常见的三种草莓鱼，它们广泛分布在菲律宾、澳洲海域和马来群岛海域，其中双色草莓个体最大，可以生长到7厘米，草莓鱼为6厘米，紫背草莓个体最小，一般只有5厘米。从贸易量来看，双色草莓位居第一，紫背草莓的数量最少。很多爱好者都喜欢在自己的礁岩生态水族箱中点缀1条草莓鱼，它们机敏而且艳丽，在岩石间或隐或现，给我们带来了无数乐趣。

草莓鱼领地意识非常强，每条草莓鱼的领地至少要2平方米，除非拥有3吨以上的大型水族箱，否则不可以同时饲养2条，不论是同种的还是不同种的。它们之间的格斗非常激烈，只需要几小时其中 1 条就可以杀死对方，而且，如果对方不死，它们会继续作战，直到一方生命结束。一些贸易商可以将几十条草莓鱼密密麻麻地集中饲养在一个很小的水族箱中，在那样的环境中它们似乎可以缓解争斗，但注意！那并不是长久之计，只要你一喂饵料，残酷的争斗马上就又开始了。

草莓鱼是非常容易饲养的入门品种，它们不在乎水族箱的大小，对水质也无苛刻要求。任何海水鱼人工饲料它们都可以接受，但需要适当补充含有碘、钾的食物，否则它们身上的紫色会变浅。草莓鱼非常能抢夺食物，如果使用的饵料很有诱惑，它们会大吃大喝，快乐地生活，不久就变得十分地肥胖。大型的雀鲷和小丑鱼可能对草莓鱼造成威胁，草莓鱼很喜欢挑衅好斗的鱼，结果可能被堵在一个岩石缝隙里打得遍体鳞伤。在饲养时，要保证先把草莓鱼放进去，再放养雀鲷和小丑鱼，当然，如果饲养的雀鲷太小，也可能被草莓鱼欺负。草莓鱼在人工环境下的寿命很长，即使食物营养不足，也能存活 7 年以上。

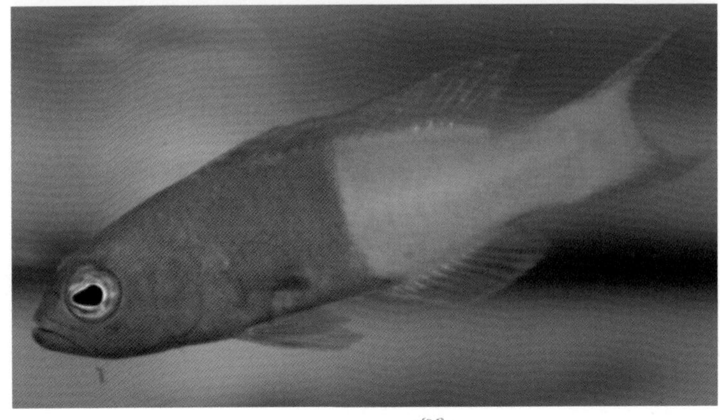

第三章

饲养海水观赏鱼的设备

一、水族箱

水族箱无疑是饲养观赏鱼必备设备。水族箱是由早期的玻璃鱼缸发展而来的，它拥有一个玻璃鱼缸主体、一个承载的柜子、一个适合的盖子或上框等。目前市场上能见到的大多数淡水观赏鱼用水族箱是不适合饲养海水鱼的，它们没有设计存放海水维生系统的空间，也没有事先在连接管路处开孔。一般海水水族箱都是定制的，可以根据自身需求制作各种尺寸的海水水族箱。也可以尝试拼凑海水水族箱或改造淡水水族箱，就如我们用计算机硬件来组装电脑一样。

一般来讲水族箱的尺寸可以根据需要定做，但如果第一次饲养海水鱼，建议先置办一个容积 200 ～ 400 升的水族箱。这种型号最适合初学者，太大或太小的水族箱后期的管理都比较麻烦。大多水族店和玻璃店都可以完成黏合鱼缸的工作，需要在底部或背部玻璃上开两个孔，一个孔用来安装上水管，一个孔用来安装下水管。上水孔要比下水孔小一些，防止日后流水不畅。根据水族箱的容积和标准 PVC 水管接头的尺寸，一般孔的大小比例如下表。

水族箱容积(升)	<200	200 ～ 400	400 ～ 600	600 ～ 800	800 ～ 1000	1000 ～ 1500
上水孔（毫米）	20	20	25	25	32	32
下水孔（毫米）	32	40	40	50	64	64

水族箱容积的计算公式：（长 × 宽 × 高）立方厘米 /1000= 容积（升）

如果定制了更大的水族箱，该打多大的孔，安装多粗的 PVC 管子，就要去请当地有经验的水族商店帮你参考了。

需要有一个柜子来摆放这个鱼缸，当然它的长和宽要能将鱼缸完全放下。小型的淡水水族箱不需要柜子，放在书桌上就可以了，因为它不用安装较大的维生系统，但海水水族箱一般都要有。可以让家具店帮你再设计个漂亮的鱼缸盖子。一般建议柜子的框架用坚实的实木或型钢，因为海水维生系统将放在柜子里，会散发很多水蒸气。如果是胶合板或其他合成材料，受潮后很容易变形，十分不安全。柜子的门最好是百叶的，帮助里面的潮气散发出来，而且适当的通风可以减少合叶和把手被偶尔溅起的海水腐蚀的几率。

二、海水

想要饲养海水鱼，自然要有海水，目前我们使用的海水多为人工合成的。虽然在沿海城市天然海水来得更容易，但使用前必须经过消毒，确保取水点的水质适合所饲养的鱼，并且没有污染。最好使用人工海水，这样安全可靠。

多数观赏鱼市场都出售人工海盐，它们的质量一般和价格成正比。一些好品牌的盐在制作工艺上分成鱼盐和无脊椎动物盐，它们使用了不同配方。在饲养无脊椎动物和娇弱的鱼时，建议使用无脊椎动物盐，它的配方内涵盖全面的微量元素和充足的钙，这对那些生物是有好处的。不要试图用暂养海鲜的海水素来饲养观赏鱼，那种盐不具备多种微量元素，它们只适合短时间暂养海鲜。家里做菜用的食盐更无法用来养鱼，盐水并不等于海水。

海水中含有许多矿物成分，排在前面的有钠、钙、镁、钾等，另外还有一些微量元素，如铁、锰、锌、碘、硼等。高品质的海盐在配置工艺上尽量模仿了天然海水各种成分的数量，并根据家养海水生物的需要适度调高了一些指标。最多被调整的物质是钙，因为各地的自来水情况不一，为了维持人工海水在配成后其有达标的硬度，一般生产商都会以最高的数值加入钙，即使使用的自来水硬度为 0，配置出的海水也能达到 7° dH 以上。

因此更多的时候会发现海盐未必能完全溶解，有一些白色的物质会漂浮在水面，那是被“挤”出来的钙，它们是多余的，不必理会。

配制人工海水是非常简单的事情，所有生产商都会在海盐包装上印有使用说明。根据配方不同，不同品牌的海盐每千克能配出的等比重海水数量略有不同。一般情况下，建议配制盐度 33 ～ 35‰的海水来养鱼。通常只要在 100 升水中添加 3.5 千克的盐就可以得到这样的海水，但有的时候我们需要更低或更高的盐度，那么就要适当减少或增加用盐的数量。测量水中的盐度，需要复杂的仪器，一般家庭很难拥有。不过，我们有更简单的办法，那就是用测量比重来代替测量盐度。在水温 25 ～ 26℃时，比重 1.022 ～ 1.023 相当于 33‰的盐度。

比重计很容易买到，而且十分便宜。分为浮漂的、盒式的和光学的，不用刻意地去追求高档和专业，只要质量有保证，任何形式的比重计都非常好用。在同样盐度下，比重会随着温度的上升而减小，所以建议在 25 ～ 26℃之间测量。其实，饲养大多数海水鱼不需要过于精准的盐度，只要比重 1.018 ～ 1.028，它们都可以接受，有些品种甚至可以接受 1.010 的比重。

用来调配海盐的自来水必须事先经过去氯处理，因为自来水中用来消毒的氯会影响海盐的融化效果。最简单的办法是将自来水放到阳光下晒一天，或用气泵向水中打气 36 小时。根据各地水质的不同，海盐的融化速度也不一样，水较酸并软时，盐会融化得快，相反，碱度高硬度大的水化盐的速度要慢一些。不论什么水，都建议化盐24小时后再使用，因为盐中的各种物质融化速度并不一样。

三、过滤系统

对于一个海水水族箱来说，过滤系统是最重要的组成部分之一，绝对不能忽视，更不可以被省略。有些人会问："如饲养在瓶子或盆里的小型淡水热带鱼和金鱼一样活得很好，为何海水鱼却离不开过滤系统？"这个问题确实很难用一两句话说清楚，首先，我们必须来了解一下过滤系统的本质。

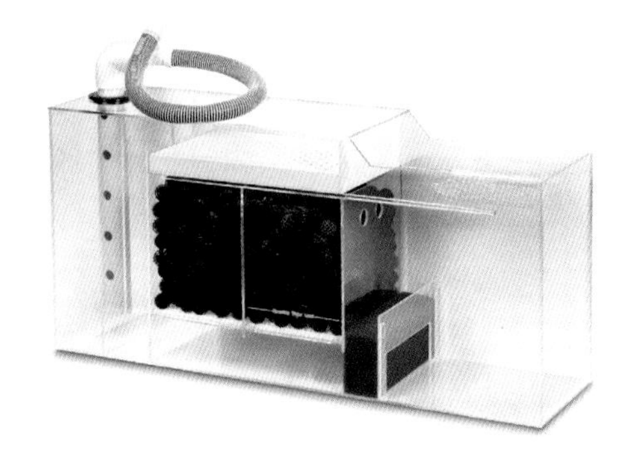

所谓的过滤系统，并不是我们通常说的用一个水泵将水抽到过滤棉上，将杂质留下后，水再返回水族箱中。那是最简单的过滤器，它只负责将水中颗粒状的杂质去除掉。实际上鱼类的粪便、体表排出的废物、残留的饵料等，会在很短的时间内转化成氨（NH_3^-）或铵（NH_4^-），它们都是有毒的，水中含有0.1毫克／升的氨，鱼就可能受到伤害，当氨高过0.3毫克／升时，很多鱼都会被毒死。氨与水中的氢离子结合形成铵（$NH_3^- + H \rightarrow NH_4^-$），铵的毒性要比氨小一些，因为它通过鳃的时候不容易进入鱼的血液循环中。但在碱度7.0以上的海水中，氢离子数量比较少，氨存在的数量比较大。因此，如果我们不设法去处氨，鱼不可能生存下去。

通常我们借助消化细菌来处理水中的氨，消化细菌可以将氨转化为毒性不强的亚硝酸盐（NO_2^-），再将亚硝酸盐转化为毒性更小的硝酸盐（NO_3^-）。于是我们才可以得到能够安全养鱼的水。

$2NH_3+3O_2 \rightarrow 2NO_2-+2H_2O+2H^++$ 能量硝酸菌
$2NO_2+O_2 \rightarrow 2N+$ 臭氧 + 能量

消化细菌需要附生在一些物质的表面，比如说沙子、石头、水族箱的玻璃壁上。我们饲养的鱼越多，需要的消化细菌也就越多。通常在水族箱内附生的消化细菌远远不能满足饲养的需要，于是人们建立了专门为消化细菌繁衍的空间，让水流过那里，再流回水族箱。这就是过滤系统的核心部分——生物过滤区，因为它降解和带走的是水中的有毒物质，所以，可以称它为水族箱的肝和肾。生物过滤区内存放大量的生物滤材，它们具有大量的细小空隙，形成巨大的表面积，可以供大量的消化细菌生存繁衍。

四、蛋白质分离器

蛋白质分离器（Portein skimmer）又称蛋分，化蛋，蛋白质除沫器，蛋白质分馏器，泡沫分馏器。它是 20 世纪海水水族用品中最重要的发明，这一发明是来自于 1963 年德国的左林根的一个爱好者的观察结果，他发现在底滤上水管中，有褐色的泡沫聚集，因此他开发了一个装置，可以把这些聚集的泡沫收集到一个容器里，他将这一发现的过程呈送给了研究动物行为学的 Max Planck 学会。诺伯特 • 通泽（Norbert Tunze）和欧文 • 桑德（Erwin Sander）同时开始了对这一装置的进一步研究和发展工作，此后不久在市场上就出现了成品的蛋白质分离器。

实际上蛋白质分离器利用了液体表面张力的特性，有一些小气泡将水中的微小颗粒物带走。如果这些颗粒不被带走，它们多数要转化成氨，增加生物过滤区的负担。

五、硝酸盐去除器

硝酸盐去除器是利用水质处理细菌去除水族箱水质中硝酸盐（NO_3^-）的一种过滤设备，可以充分利用水质处理细菌的作用将水质中硝酸盐还原。工作原理是利用一种水质处理细菌将硝酸盐作为它代谢中的需氧物质，硝酸盐最终代谢成为氮气和二氧化碳。氧被运用于代谢过程中，氮气则被排入大气中，代谢的生成物为二氧化碳。

在硝酸盐去除器内部填充着大量生物过滤球，为了避免底部积水造成滞留区，由动力马达将水不断从容器底部抽到顶端，然后又喷淋于生物过滤球的表面，如此再流回底部，始终保持生物过滤球的湿润状态。生物过滤球表面附着生长的水质处理细菌会不断吸收容器内部的氧气分裂繁殖，一旦容器中的氧气耗尽，它们就吸收硝酸盐离子中的氧，并将硝酸盐还原成为亚硝酸盐，最终再将亚硝酸盐中的氧全部吸收，还原为氮气排入大气中。硝酸盐去除器主要被使用在礁岩生态水族箱的过滤系统上，很少被使用在纯鱼缸中。

六、加热棒

一般的加热设备就是加热棒，有玻璃制作的和不锈钢制作的两种类型。建议使用玻璃制品，因为不锈钢产品可能会与海水发生反应。在使用加热棒的时候要将其安装在过滤缸里，不要让鱼咬到电线。炮弹鱼、神仙鱼等都十分喜欢啃咬电线，这十分危险，不仅威胁到鱼，也威胁到饲养者的人身安全。一般建议每 100 升水体使用 200 瓦加热棒，以此累加，宁多勿少。加热棒都有自动控温元件，当水温达到设定范畴后，会自动停止加热。多使用一些不会造成总耗电量的增加。

七、制冷机

水族箱安装一台制冷机是十分昂贵的付出，如果在炎热的夏天，水族箱中的水不高于30℃也可以不安装。要注意夏天房内开启空调后水温会下降得很快，当人离开后，空调关闭，水温又上升得很高。来回反复波动，非常不利于鱼的健康。这时建议使用冷暖一体的控温机，来维持水温的稳定。因为日温度频繁波动超过3℃，会很快将鱼折磨死。如果是饲养珊瑚的礁岩生态水族箱，必须用冷水机将水温控制在28℃以下，珊瑚和多数无脊椎动物不能忍受再高的水温。

第四章
水化学

一、酸碱度

酸碱度（pH 值）是很重要的水化学参数，其变化是 0 ～ 14，其中 7 为中性，小于 7 为酸性，大于 7 为碱性。自然海水的 pH 值 8.0 ～ 8.3，如果饲养水偏离自然水体 pH 值过大（比如，低到 7.3）会对鱼产生额外的紧迫。过低的 pH 值还会造成水中寄生虫繁殖活跃，加大鱼患病的几率。

鱼的新陈代谢会使水的 pH 值逐渐下降，一般建议将饲养水的 pH 值控制在 8.0 ～ 8.3，实际上只要坚持每周换 1/4 的水，并使用优良的海盐，这项指标是很容易达到的。如果无法通过换水的方式来维持 pH 值，可以适当为水中添加碳酸氢钠。这种方式会增加水的盐度，但这只适合应急使用，不是长久之计。

二、硬度

硬度是海水水质参数中很重要的一个指标，它可以反映出很多矿物质的含量。各地的自来水硬度略有差别，有一个简单的水源硬度观测办法，在硬水中肥皂的泡沫产生得非常少，而软水中产生的比较多。通常我们称的硬度分为两种，普通硬度（GH）也称为总硬度，碳酸盐硬度（KH），也称为盐碱硬度或酸滞留能力（ABC）。总硬度具有非常复杂的特征，由硫酸盐、碳酸盐、重碳酸盐和氯化物中的钙、镁、钡、锶等离子引起。碳酸盐硬度可以通过将水煮沸的方式去除掉，也定义为暂时硬度。总硬度不能用煮沸的方式去除，又被称做永久硬度。

人工海盐的配方中含有大量的氯化合物，因此测试海水的总硬度是没有意义的。不论使用怎样的水族试剂，都得不到参数。我们通常只检测碳酸盐硬度（KH），本书后面提到的参考硬度值，全部是指碳酸盐硬度。

世界上用来标记硬度的单位很多，通常人们喜欢用水中的碳酸钙（$CaCO_3$）浓度来说明问题，单位是毫克／升。但这个标法并不被许多测试剂所使用，它们有的使用德国度（°dH），有的使用英国度（°eH），还有使用法国度（°fH），这完全取决于试剂的生产国家。通常最被人们熟悉使用的是德国度，因此，本书后面介绍的硬度都使用德国度。为了方便换算，下面将其互相换算公式加以介绍：

100 毫克／升（$CaCO_3$）＝ 10°fH ＝ 5.6°dH ＝ 7.0°eH

一般饲养海水鱼用水，硬度可以在 7 ～ 16°dH 之间。最好在 10 ～ 14°dH，这个区间里容易保持鱼的健康和活跃。水中的碳酸盐硬度会随着水使用的时间而下降，所以定期换水是最好的维持硬度的办法。当地方水源过软，新化的盐水都无法达到额定硬度时，可以考虑在水中添加氯化钙（$CaCl_2$）和氯化镁（$MgCl_2$），两者的比例最好控制在 3∶1，如果钙

的添加量过大，可能会挤出水中原本的镁，造成海水比例失衡。

三、硝酸盐

硝酸盐长期以来困扰着大量爱好者，这种含氮化合物来自食物，而且在不少水族箱中，硝酸盐都很难维持在正常的水平上。多年来，人们开发出了各种去除硝酸盐的设备，但对于饲养密度很大的海水水族箱爱好者来说，最有效的办法仍是加大换水频率和数量。硝酸盐通常和藻类问题联系在一起，确实藻类的不正常增多通常都和营养过量有关系，这其中主要责任是硝酸盐。水族箱中的其他一些有害生物，比如鞭毛虫（白点病），它的增加也和过量的硝酸盐以及营养有关系。硝酸盐本身在一般水族箱的浓度上并没有显著的毒性，至少现在的研究还没有发现什么问题。但是过高的硝酸盐水硬度和酸碱度的下降，能够降低鱼的抵抗能力，增加水中细菌和寄生虫的繁殖速度。因此，很多水族爱好者都尽量把硝酸盐控制在低水平，小于 50 毫克／升的硝酸盐是养鱼最好的标准。如果盐能控制得更低，那就更好了，不少珊瑚爱好者可以将水族箱中的硝酸盐控制在 0.3 毫克／升以下，用来饲养娇气的石珊瑚。降低硝酸盐的方法很多，比如控制含氮物质的投入，加强蛋白质分离器，使用植物过滤、硝酸盐去除器和硝酸盐吸收材料，改善过滤系统以改善氮循环等。不过要注意，有的地区自来水从水龙头里出来后硝酸盐就高过 50 毫克／升了，所以建议在养鱼前先测一下自家的水质。如果发生类似问题，可以向相关部门反映，或安装净水器。

四、磷酸盐

磷在水族箱中的“最简单”的形式就是无机正磷酸盐（H_3PO_4，$H_2PO_4^-$，HPO_4^-，PO_4^-）。正磷酸盐也是多数检测剂可以检测的形式。正磷酸盐在天然海水中也是存在的，同时还有别的形式。海水中磷酸盐的浓度在不同地区差异很大，甚至会随着海水深度以及一天的不同时间而有变化。通常海面处的水中磷酸盐浓度比深水处低，因为活跃于海水表层的生物会将磷酸盐消耗掉。从维护水族箱的角度比较，天然海水表层的磷酸盐含量是极其低的，通常是 0.005 毫克／升。如果没有特别的去除磷酸盐的设计，水族箱中的磷酸盐都会逐渐积累和增加。水中的磷酸盐主要是饲料带入的，但也可能是自来水中本身含有的。如果水体中的磷酸盐过高，也会造成硬度下降，鱼类疾病频发。磷酸盐是藻类的重要肥料，磷酸盐过高时藻类的生长飞快，水族箱看上去浑浊肮脏。磷酸盐应该控制在低于 0.1 毫克／升的水平。去除水族箱中的磷酸盐最好采取多重手段：比如加强换水，利用植物过滤，使用去除磷酸盐媒体等。有些人使用添加石灰水的办法来去除磷酸盐，为这是一个无奈的办法，它的副作用会造成水的硬度和酸碱度不稳定。

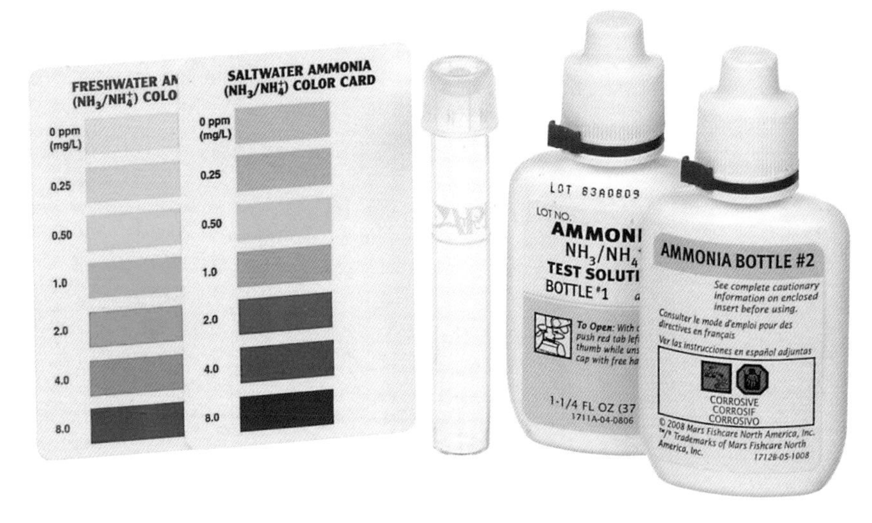

五、测试剂

通常我们可以在许多水族商店购买到各种水质测试剂，有国产和进口的两种，在挑选时要特别注意选择测试范围在饲养水含量范围内的，有些测试剂只能用来测试淡水。建议购买有中文说明的测试剂，因为很多品种使用起来并不简单，外文测试剂如果在语言上理解不同，使用就会产生不当。

六、养水

当一个水族箱被建立好后，不要急于将心爱的鱼放进去。我们需要培养一段时间的硝化细菌，这个过程俗称为养水。如果达不到硝化细菌的足够数量，事先放入的鱼一般会死于氨中毒。

盐水调配好后，可以在其中放入一些硝化细菌的种源，这类产品在目前的水族市场中十分常见，不妨投入 1 条几厘米长的死鱼或虾，看它在水中完全腐败并转换为消化细菌最初的食物。一般养水过程需要 2 ～ 6 周的时间，如果水族箱容积超过 1000 升这个过程可能会更长一些，之后就得到比较稳定的水了，可以去选购鱼了。

在养水期间必须保证过滤系统正常运转，如果安装了蛋白质分离器，请暂时将其关闭，它可能影响到细菌繁衍的速度。将水调整到 28℃，可以有效缩短细菌培养时间。同时在此期间不要打开照明灯，以防藻类过度滋生。

第五章

疾病预防

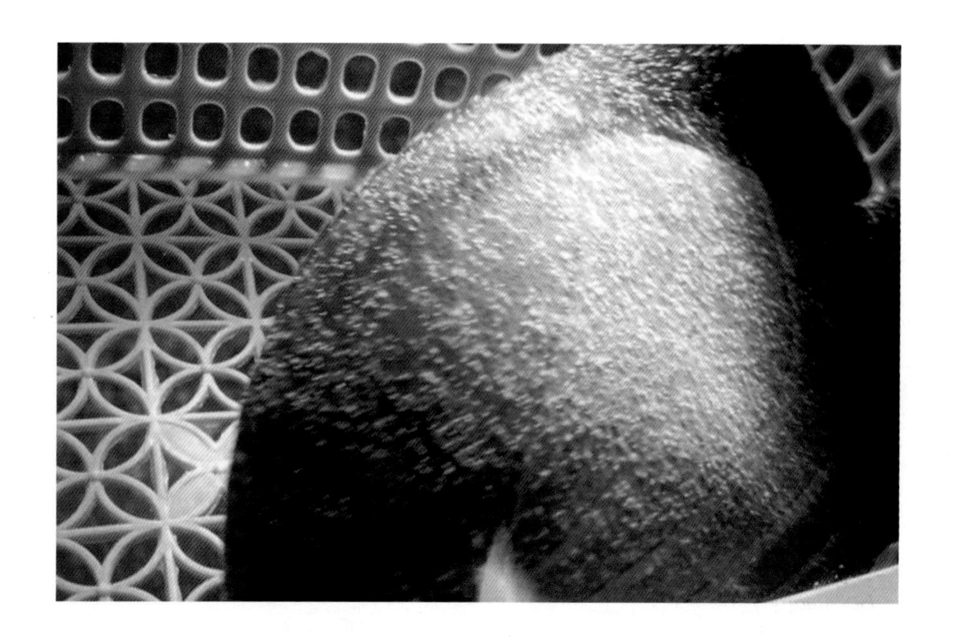

一般情况下，在海洋中自由生活的鱼是很少感染致命疾病的。如果疾病已经影响了它们的正常生活，那么可能会有掠食动物将它们吞入腹中，这避免了疾病的大面积蔓延。因此自然海域是十分干净的生活环境。但人工环境下，空间相对狭窄且没有掠食者，如同不消毒的医院，疾病会迅速地蔓延开来。因此必须做好日常的预防工作。

在水族箱引入新的蝴蝶鱼、神仙鱼、倒吊类、石斑等品种时，一定要做好检疫工作，避免病原体，特别是寄生虫的引入。首先每个饲养者都应当有一个专门用于检疫新鱼的水槽，大小根据要饲养的最大个体来定，一般水体应当是鱼重量的 100 倍以上。我们在购买新鱼泡带、转水后，应当进行适当的淡水浴，这样可以利用逆差逼出藏在体表的寄生虫，特别是本尼登虫。但不是所有鱼都可以用淡水浴，如狮子鱼家族（*Pterois*）和神仙里的美国石美人（*Holacanthus tricolor*）等，一旦淡水洗浴则很可能造成痉挛死亡。淡水浴的时间也不尽相同，如倒吊和很多大型神仙鱼可以在淡水中沐浴 5 分钟以上，有些品种如耳斑神仙（*Pomacanthus chrysurus*）或关刀（*Heniochus acumainatus*）甚至可以在淡水中饲养几天都不会有问题。但女王神仙（*Holacanthus ciliaris*）、阿拉伯（*Arusetta asfur*）等，最好控制在 2 分钟以内，足够驱出寄生虫了，也不会对鱼造成伤害。然后要将它们放到检疫缸中进行隔离饲养，最好在水槽中添加少量的抗生素类药物，如土霉素、呋喃西林等，用于防止伤口细菌感染，如果能添加一些维生素 B、维生素 E 群会更有助鱼的恢复。不过要保持水中的溶氧量充足，最好给予气头打气，因为抗生素类药物会影响到水中的溶解氧。经过 7 ～ 15 天的观察如果鱼没有病发，才可以放入观赏水族箱。

其实预防疾病的另一个重要环节是买鱼时的挑选，因为很多鱼的疾病往往是在检疫或出售商的水族箱中感染的。如 1 条健康的火焰神仙（*Centropyge loriculus*），在放入饲养有携带斜管虫或鞭毛虫鱼的水族箱中后，可能不需要 2 小时就会被感染，因为往往小个体的鱼抵抗力更弱一些。

那么怎样挑选放心的鱼呢？

传统的办法是让出售者当面给鱼喂食，只要吃东西正常的鱼基本上就是健康的，可以放心购买。但实际上有很多鱼类疾病并不在短时间内影响鱼的进食，即便是内脏乃至肠道患有疾病的鱼有的时候仍能维持短暂的进食正常。个体进食是否活跃从很大的程度上取决于鱼的品种差异。如大部分印度洋地区的倒吊类，即便是被纤毛虫感染得伤痕累累，或眼睛已经瞎掉，或鳍已经大面积出血，仍对可口的饲料大嚼大吞。还有如国王神仙（*Holacanthus passer*）或北斗神仙（*Pamacanthus semicirculatus*），在个体 20 ～ 25 厘米的生长阶段，对于食物通常是来者不拒，哪怕全身已经多处溃烂发炎。最直接的检查所要购买的鱼是否健康的方法，应当是看它的暂养环境，良好的暂养环境应当是水质清澈且温度和光照都非常适宜。

很多出售商并没有很好的检疫和治疗技术，一般情况下他们希望在生物引进 1 周之内就全部售卖干净，从来不为暂养缸消毒或泼药。于是很多病原体在其暂养缸内长期存在着，几乎每次引进的鱼类都会感染疾病。一些出售商为了避免鱼类因水温刺激而激发白点，将水的温度提高到 28℃ 以上，这样也使鱼的新陈代谢加快，鱼显得十分地活跃，给购买者一种无比健康的假象。特别是在一些神仙鱼类的处理上，该方法能在短时间内让新到的鱼表现出超乎寻常的兴奋。这里不否认该方法的确是一种有效的特殊检疫手段，但用在待出售的品种上则没有好处。当然在合理的范围内将水的温度和盐度控制在较低的数值上，可以大大缓解鱼的紧迫感并降低鱼新陈代谢的速度，可以有效延长一些内脏器官疾病或细菌类疾病患鱼的生命。这本也是一种有效的治疗或检疫手段，但同样用在待出售个体上仍然不适宜。这些鱼一旦到了购买者的家中，往往因为生存环境急剧变化而不能适应。

我们可以看出，鱼类是否健康和出售商是否专业有很大的关系。负责任的出售商会将生物处理非常好后再出售，不过那样造成了商家损耗的增加，于是在同样价位内就无法与其他同行竞争。因此，我们不必非要选择廉价的鱼购买，只要它质量过关，即便贵上 50% 也是物有所值的。

一些印度尼西亚的商人在运输过程中为袋子里的水添加少量的麻醉药，这个方法大大提高了运输成活率。我们在选择的时候可以格外留心。鱼类到达出售地前必须经过检疫，这个环节有的常达一个月，有的则只需要一周。而在此期间批发商会对鱼类进行不同程度的药物处理，这个环节很重要。一些商家因为没有单独的检疫场所，因此将鱼放在出售的鱼缸中边检疫边卖，这样虽然不符合流程的要求，但要比不做检疫的鱼好得多。如果某个鱼店看到那里的饲养水是黄色、淡蓝色或淡绿色的，一般情况下都是正在药物处理。若里面的鱼没有明显的疾病，说明这个检疫是有效的，里面的鱼要比不这样操作的一般店更容易在家里成活。

但是我们不可以挑选治疗过程中的鱼，这个环节是零售商没有在预想的时间内出售完所有的生物，而造成疾病泛滥，必须药物治疗的一个不幸的后果。一般检疫用药和治疗用药物是有差异的，如体外细菌疾病，检疫环节多用呋喃唑酮，因为它比较廉价。而如果要有一定的治疗效果，往往使用青霉素。在观察出售商鱼缸的时候，水呈黄色一般是呋喃类药物或土霉素，而水没有颜色，但水面有少许泡沫一般是正在使用青霉素，要尽量回避。另外如果看到该暂养缸内有身体腐烂、呼吸急促的鱼类，也要尽量避免购买该缸内任何一条鱼，即便看上去鱼表现得很健康。特别是呼吸急促，如果一条鱼的鳃不停地高速煽动，那定是中毒或病入膏肓了。

鱼类的是否健康和我们给它们提供怎样的水有极其重要的关系，很多人认为有了价值上万的过滤系统，就可以不去操心换水的事宜了。但正如我们在第一部分所谈到的，如果长时间不换水，过高的营养盐一样会危害鱼的生命。不论过滤系统多么高级，最少要每月为水族箱换两次水，每次不能少于总水体 1/5 的量。建议大家用质量高一些的盐，不要尝试使用为海鲜使用的海水素，那绝对是饲养鱼生涯中的噩梦。换水的时候要保证换进的水和水族箱内的水温度一致，每次换水前都要清理水族箱，并清洗过滤棉。不要认为水族箱四壁生长的藻类只是影响美观，它们释放的藻酸，夜间排出的二氧化碳，一样影响酸碱度的波动，同时进一步影响鱼的抵抗力。如果使用的水不是从自来水厂管道输送来的城市一般用水，那么应当检查一下水的 NO_3^-、PO_4^- 和各种重金属的含量，以免提供给鱼质量不合格的水。

科技的发达使得我们拥有了形形色色的过滤设备，在疾病防治的环节上一些设备的正确使用，会为你提供非常大的帮助。首先是蛋白质分离器，这个装置可以将水中微小的有机颗粒从水中分离出来，是非常必要的设备。好的蛋白质分离器，可以有效地将有机物质去除干净。而水中的有机物质恰恰是细菌滋生的温床。镜检后发现那些没有安装蛋白质分离器的水池中的水里有大量肉眼看不到的有机物质颗粒，这些颗粒有些被微小的藻类覆盖，有些上面有很多真菌，而所有的颗粒上都有不可想象的细菌在繁衍，其中就包括了烂肉病的罪魁祸首弧菌等。因此，请不要吝惜使用一个或多个效果好的蛋白质分离器。

紫外线杀菌灯被认为是杀菌最好的设备，现在也有很多品牌在市场上销售。紫外线杀菌灯可以杀灭水中多种细菌，病毒，孢子，寄生虫等有害物种，降低鱼的发病率，防止低等藻类孳生，净化水质。在紫外线杀菌灯使用过程中，可以将游离在水中的寄生虫杀死，但对于虫卵，特别是如鞭毛虫那样的卵具有坚硬外壳的个体，效果不明显。因此一般情况下我们只用于避免细菌性疾病感染。

臭氧被用到水产养殖已经有一段历史了，即便是引入到水族领域里也是很久的事情了。在单纯饲养鱼类的水族箱中使用臭氧进行消毒是强过使用紫外线杀菌灯的，如果控制不好臭氧的具体输入量，可以用最大挡（家用小型臭氧机）每天开两次，每次 10 ～ 20 分钟，这样效果依然很好。在一些细菌疾病高发的季节里，如炎热的夏季，这个方法甚至比每天连续开的效果好得多。

有些人喜欢将水族箱内长期维持某种药物的浓度控制在一个范围内，用这个办法来控制寄生虫的繁殖。常见的是将水中的铜离子含量控制在 0.15 ～ 0.2 毫克／升，这样的确可以控制鞭毛虫和斜管虫等的繁殖速度，但长期的药物浸泡对鱼的内脏和鳃丝有巨大的伤害，虽然我们控制了疾病，但鱼仍活不长久，还会让鱼类身体颜色变淡，既影响了美观，同时病原体在长期的低浓度药物浸泡下也很容易产生抗药物性，这对后期疾病的治疗极其不利。

还有一些饲养者，喜欢用低盐度的海水来饲养观赏鱼，认为这样既能减轻寄生虫的感染率又能节省盐成本，这是很好的办法。的确在盐度低于 15‰的海水里，一些鱼是能够存活的，如白尾蓝纹（*Pomacanthus annularis*）、老鼠斑（*Cromileptes altivelis*）、炮弹类（*Balistoides*）等，而且在反压差的情况下，寄生虫的确不容易寄生到鱼的身上。不过不要忘记，同样反压差也会对鱼造成损伤。解剖证明，用低盐度养死的鱼，大部分都有明显的肾肿。所以，请尽量保证饲养正常鱼的水族箱内没有长时间添加药物，并将比重维持在 1.018 ～ 1.024。

参考文献

白明 . 2009. 海水观赏鱼快乐饲养手册 . 北京：化学工业出版社 .

Rudie H Kuiter. Helmut Debelius. 2006. World Atlas of marine Fishes. Germany：IKAN-Unterwasserarchiv.

Helmut Debelius. 2003. Red sea Reef Guide. England：Circle publishing Ltd.

章之蓉 . 谢瑞生 . 1998. 奇妙的海水观赏鱼 . 广州 : 中国科学院南海海洋研究所观赏鱼研究会 .